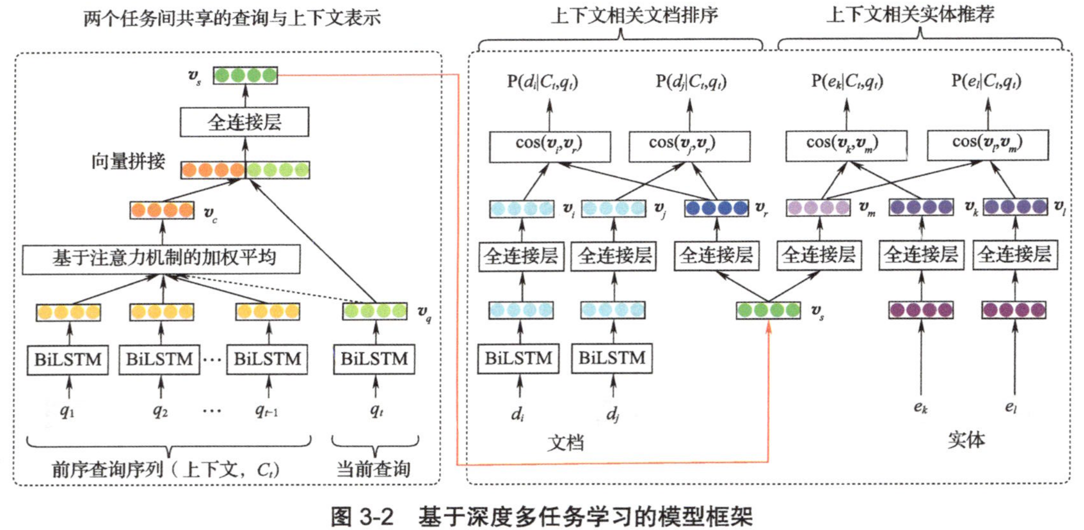

图 3-2　基于深度多任务学习的模型框架

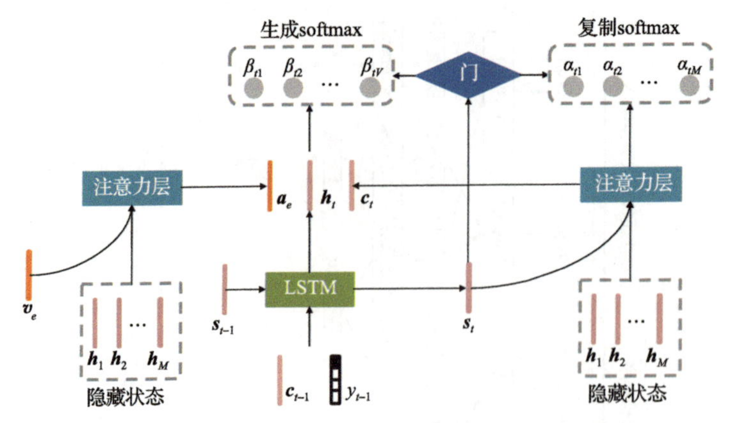

图 5-3　在生成过程中引入实体信息的 Seq2Seq 模型的解码器结构

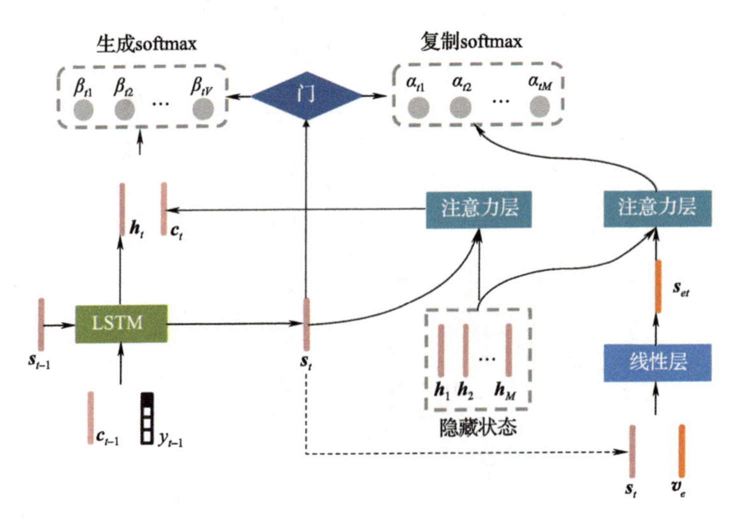

图 5-4　在复制过程中引入实体信息的 Seq2Seq 模型的解码器结构

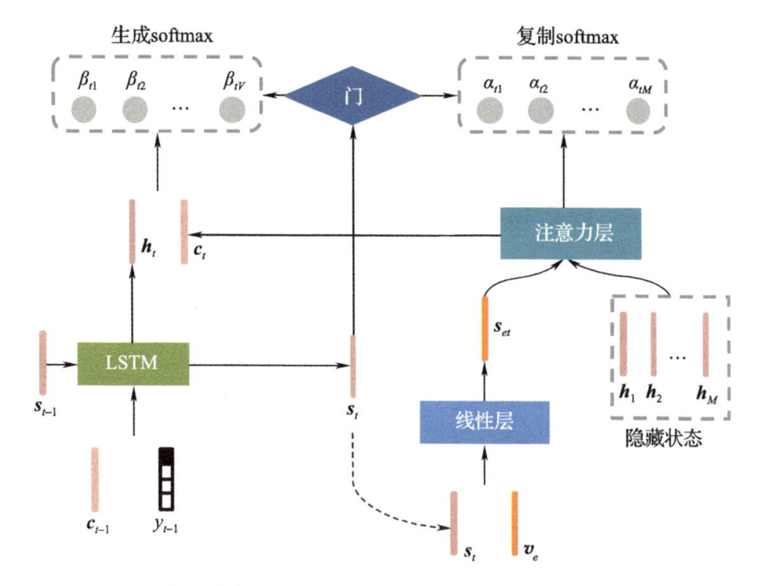

图 5-5　在生成与复制过程中引入实体信息的 Seq2Seq 模型的解码器结构

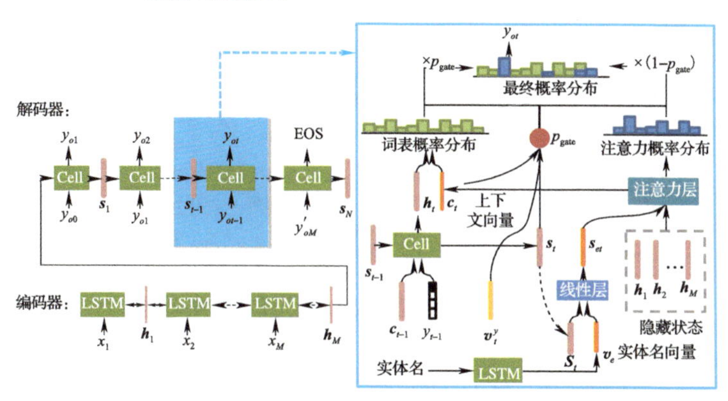

图 5-6　引入注意力机制、软转换复制机制以及实体信息的 Seq2Seq 模型的网络结构

示例a
实体名：唐纳德·特朗普
源句子：2016年11月9日，美国大选计票结果显示：共和党候选人唐纳德·特朗普已获得了276张选举人票，超过270张选举人票的获胜标准，当选 美国 第 45 任 总统
实体推荐理由
参照标准：美国 第 45 任 总统
AS：第 2 任 总统 候选人
LSTM-CRF：美国 第 45 任 总统
SMT：曾 任 总统
S2S：美国 第 00 任 总统
S2S+Att：第 0 任 美国 第 00 届 总统
其他Seq2Seq模型：美国 第 45 任 总统

示例b
实体名：界王
源句子：日本 著名 漫画 《七龙珠》 登场 角色，是负责管理银河的神，一共有五个，分别是东南西北四个界王和大界王。在神界地位在阎王之上，仅次于界王神
实体推荐理由
参照标准：日本 著名 漫画 《七龙珠》 登场 角色
AS：登场 作品 漫画 中 人物
LSTM-CRF：《七龙珠》
SMT：漫画 《七龙珠》 登场 角色
S2S：登场 作品 《死神》
BiS2S+Att+SCopy+Cov：登场 作品 《七龙珠》
BiS2S+Att+SCopy+Cov+EGC：登场 作品 《七龙珠》

示例c
实体名：孙妍在
源句子：2016年8月21日凌晨，在巴西里约奥林匹克体育场举行的艺术体操个人全能决赛中，韩国 艺体 精灵 孙妍在以总分72.898分排名第4，无缘奖牌
实体推荐理由
参照标准：韩国 艺体 精灵
AS：运动 项目 艺术体操个人全能
LSTM-CRF：艺术体操
SMT：艺术体操个人全能第 72.898
S2S：韩国 女子 田径 运动员
BiS2S+Att+SCopy+Cov：运动 项目 艺术体操
BiS2S+Att+SCopy+Cov+EGC：韩国 艺体 精灵

图 5-7　各模型生成的实体推荐理由示例

CCF优秀博士学位论文丛书

搜索引擎中的实体推荐关键技术研究

Research on Key Techniques of Entity Recommendation in Web Search Engines

黄际洲——著

机械工业出版社
CHINA MACHINE PRESS

搜索引擎是人们获取信息的重要工具。近几年，人们获取信息的需求不断提升，促使搜索引擎不断发展和进化，从被动地为用户提供查询结果，转变为主动地为用户提供直接答案并推荐相关信息。其中，实体推荐是推荐粒度最细且信息量最丰富的一种信息推荐形式，备受学术界重视，也深受用户欢迎。本书围绕实体推荐，针对实体推荐算法的改进和推荐理由的生成这两方面的关键技术进行研究，并得出研究结论。

本书适合计算机领域的研究生以及从业人员阅读，可以帮助读者较全面地了解实体推荐算法。

图书在版编目（CIP）数据

搜索引擎中的实体推荐关键技术研究／黄际洲著．—北京：机械工业出版社，2022.1（2023.4 重印）
（CCF 优秀博士学位论文丛书）
ISBN 978-7-111-70117-0

Ⅰ．①搜…　Ⅱ．①黄…　Ⅲ．①因特网-情报检索-算法-研究　Ⅳ．①G354.4

中国版本图书馆 CIP 数据核字（2022）第 021228 号

机械工业出版社（北京市百万庄大街 22 号　邮政编码 100037）
策划编辑：梁　伟　　责任编辑：梁　伟　游　静
责任校对：张亚楠　刘雅娜　封面设计：鞠　杨
责任印制：李　昂
北京中科印刷有限公司
2023 年 4 月第 1 版第 3 次印刷
148mm×210mm · 7.5 印张 · 2 插页 · 140 千字
标准书号：ISBN 978-7-111-70117-0
定价：49.00 元

电话服务　　网络服务
客服电话：010-88361066　机　工　官　网：www.cmpbook.com
010-88379833　机　工　官　博：weibo.com/cmp1952
010-68326294　金　书　网：www.golden-book.com
封底无防伪标均为盗版　机工教育服务网：www.cmpedu.com

丛书序

博士研究生教育是教育的最高层级，是一个国家高层次人才培养的主渠道。博士学位论文是青年学子在其人生求学阶段，经历“昨夜西风凋碧树，独上高楼，望尽天涯路”和“衣带渐宽终不悔，为伊消得人憔悴”之后的学术巅峰之作。因此，一般来说，博士学位论文都在其所研究的学术前沿点上有所创新、有所突破，为拓展人类的认知和知识边界做出了贡献。博士学位论文应该是同行学术研究者的必读文献。

为推动我国计算机领域的科技进步，激励计算机学科博士研究生潜心钻研，务实创新，解决计算机科学技术中的难点问题，表彰做出优秀成果的青年学者，培育计算机领域的顶级创新人才，中国计算机学会（CCF）于2006年决定设立“中国计算机学会优秀博士学位论文奖”，每年评选不超过10篇计算机学科优秀博士学位论文。截至2020年已有135位青年学者获得该奖。他们走上工作岗位以后均做出了显著的科技或产业贡献，有的获国家科技大奖，有的获评国际高被引学者，有的研发出高端产品，大都成为计算机领域国内国际知名学者、一方学术带头人或有影响力的企业家。

博士学位论文的整体质量体现了一个国家相关领域的科技发展程度和高等教育水平。为了更好地展示我国计算机学科博士生教育取得的成效，推广博士生科研成果，加强高端学术交流，中国计算机学会于2020年委托机械工业出版社以“CCF优秀博士学位论文丛书”的形式，陆续选择2006年至今及以后的部分优秀博士学位论文全文出版，并以此庆祝中国计算机学会建会60周年。这是中国计算机学会又一引人瞩目的创举，也是一项令人称道的善举。

希望我国计算机领域的广大研究生向该丛书的学长作者们学习，树立献身科学的理想和信念，塑造“六经责我开生面”的精神气度，砥砺探索，锐意创新，不断摘取科学技术明珠，为国家做出重大科技贡献。

谨此为序。

中国工程院院士

2021年12月6日

导师序

搜索引擎是获取信息的重要工具。近年来，为了更好地满足用户获取信息的需求并帮助用户拓展知识面，搜索引擎开始主动为用户提供与查询相关的实体推荐列表。实体推荐受到广大用户的欢迎，不仅成为现代搜索引擎的重要功能之一，也成为学术界重视的研究课题。搜索引擎中的实体推荐研究主要包含实体推荐算法和实体推荐结果的可解释性两个方面。针对这两个方面，黄际洲的博士研究课题“搜索引擎中的实体推荐关键技术研究”在实体推荐算法改进和推荐理由生成的关键技术方面，取得了一系列研究与应用成果，发表学术论文 7 篇，获得中国和国际已授权发明专利 30 余项。该博士学位论文将学术研究与搜索引擎的产业需求紧密结合，选题新颖，创新点突出；同时，其研究成果在百度搜索引擎中大规模应用，更好地满足了用户获取信息和知识的需求，产生了重要的应用价值，相关项目获得了中国电子学会科技进步一等奖。

王海峰

哈尔滨工业大学教授

2021 年 9 月 30 日

摘 要

搜索引擎是获取信息的重要工具。近年来，为了更好地满足用户的信息获取需求，搜索引擎从最初只能被动地根据查询返回相关网页，逐步改进到能够主动地根据查询提供相关信息推荐。实体推荐，即以实体为粒度进行信息推荐，是搜索引擎中推荐粒度最细且信息量最丰富的一种信息推荐形式。实体推荐旨在为用户提供与其查询存在直接或间接关系的实体列表，能够帮助用户拓展知识面，因而越来越受到用户的欢迎。因此，实体推荐不仅成为现代搜索引擎必不可少的功能之一，也正成为学术界重视的研究课题。

搜索引擎实体推荐系统不仅需要为用户提供与其查询相关的实体推荐结果，还需要对实体推荐结果进行恰当且合理的解释，以帮助用户更好地理解推荐结果。相应地，搜索引擎中的实体推荐研究主要包含以下两个方面：①实体推荐算法，其目标是获取与查询相关的实体集合并对其进行排序；②实体推荐的可解释性，其目标是为实体推荐结果生成推荐理由，以提升推荐结果的可信度。为此，作者研究了实体推荐算法的改进以及推荐理由的生成两个方面的关键技术，具体包括：①适用于搜索引擎的大规模实体推荐算法，以及基于上下文优化实体推荐算法的具体策略；②实体对推荐理由的识别，以及实体推荐理由的生成。其中的主要研究内容包括以下几个方面。

1）**基于排序学习与信息新颖性增强的实体推荐**。构建适用于搜索引擎的大规模实体推荐系统主要面临以下四个挑战：查询与实体规模庞大，查询的领域无关性，用户实体点击数据极其稀疏以及很难为用户推荐具有信息新颖性的实体。针对上述挑战，作者提出了一种基于排序学习框架的实体推荐算法，并围绕信息新颖性设计了相关特征与优化目标。一方面可以灵活地对召回与排序进行分阶段优化，另一方面可以直接基于查询并面向信息新颖性构建多种粒度的排序特征，进而针对不同用户偏好以及任何类型的查询，为用户提供个性化且兼具信息新颖性的实体推荐结果，从而显著提升实体推荐效果以及用户参与度。

2）**基于深度多任务学习的上下文相关实体推荐**。针对目前实体推荐方法普遍存在的忽略上下文信息的问题以及上下文相关实体点击数据的数据稀疏问题，作者提出了一种基于深度多任务学习的上下文相关实体推荐模型。此模型一方面可以借助于上下文相关文档排序这一辅助任务中的大规模多任务交叉数据，另一方面可以基于多任务学习来实现知识迁移，进而有效缓解数据稀疏问题并提升实体推荐结果的相关性，从而显著提升推荐效果。

3）**基于卷积神经网络的实体对推荐理由识别**。当推荐实体与查询实体（实体对）之间存在确定的实体关系时，将能够翔实地描述该实体对之间的关系的句子作为推荐理由（简称为实体对推荐理由）展现给用户，可以帮助用户理解两个实体间的关系，从而提升推荐结果的可信度。目前的实体对推荐理由识别方法严重依赖于人工标注的数据集以及人工设计的排序特征，从而导致识别出的实体对推荐理由的质量较低。针对上述问题，作者提出了一种基于卷积神经网络的实体对推荐理由识别方法。一方面可以借助于搜索引擎点击日志自动构建大规模训练数据，另一方面可以通过卷积神经网络自动学习排序特征，进而显著提升排序效果和实体对推荐理由的质量。

4）基于机器翻译模型的实体推荐理由生成。当推荐实体与查询之间不存在可归类的关系时，将能够刻画推荐实体特点的简短描述作为推荐理由（简称为实体推荐理由）展现给用户，可以帮助用户理清当前实体与查询间的关联，从而提升推荐结果的可信度。然而，前人在实体推荐理由生成研究上鲜有涉猎。为此，作者提出了基于机器翻译模型的实体推荐理由生成方法，尤其是提出了一种由实体信息指导的基于序列到序列学习的实体推荐理由生成模型。一方面可以有效识别并保留源句子中的重要信息，另一方面可以指引模型生成与实体相关的结果，从而生成质量更高的实体推荐理由。

上述研究成果已在百度搜索引擎中大规模应用，产生了重要的应用价值。同时该研究成果荣获2017年中国电子学会科技进步一等奖。

关键词： 实体推荐；推荐理由；搜索引擎；推荐算法；神经网络

目 录

第4章 基于卷积神经网络的实体对推荐理由识别

第 1 章

绪论

1.1 课题背景及意义

1.1.1 实体推荐的定义及研究背景

搜索引擎是用户获取信息的重要工具。中国互联网络信息中心（CNNIC）发布的第 43 次《中国互联网络发展状况统计报告》[⊖]显示，截至 2018 年 12 月，我国搜索引擎用户规模达 6.81 亿，使用率为 82.2%；手机搜索用户规模达 6.54 亿，使用率为 80.0%，在各类互联网应用中均排名第二。由此可见，搜索引擎已成为必不可少的互联网重要应用之一。因此，搜索引擎为用户提供的搜索结果的准确度以及信息丰富度，对用户的搜索效率以及用户体验都有着至关重要的影响。

⊖ http://www.cnnic.net.cn/hlwfzyj/hlwxzbg/。

搜索引擎的诞生，是为了帮助用户快速地从海量互联网数据中找到自己所需的信息。近年来，为了更好地满足用户的信息获取需求，主流商业搜索引擎从最初只能被动地根据用户输入的查询返回相关网页，逐步改进到能够主动为用户提供直接答案[1,2] 和推荐相关信息[3-6]。例如，百度搜索引擎㊀在 2009 年推出的框计算㊁，能让用户在输入查询（例如“天气”“1 200 元人民币是多少美金”等）后，以“即搜即得、即搜即用”的方式直接获得相应的信息服务与需求结果。此外，百度在 2014 年将知识图谱㊂大规模应用于搜索，在搜索结果中为用户输入的查询提供直接答案。例如，当用户输入“Zippo 能不能带上飞机”“太阳的重量”“上面是对下面是心怎么念”等查询时，能够在搜索结果中获得更直接的答案，且结果呈现方式相比传统网页结果更加直观、友好。除了通过提供直接答案来提升用户的信息检索体验外，主流商业搜索引擎还进一步在搜索结果中为用户提供相关信息推荐，例如查询自动补全[7]、查询建议[8]、实体推荐[5] 等，帮助用户明确搜索目标以及拓展知识面，从而更好地增强用户的信息发现体验。图 1-1a、图 1-1b 以及图 1-1c 分别为查询自动补全、查询建议以及实体推荐的示例。其中，查询

㊀ https://www.baidu.com/。
㊁ https://baike.baidu.com/item/框计算。
㊂ https://knowledge.baidu.com/。

自动补全与查询建议均以查询为粒度进行信息推荐，其目标是在用户输入查询过程中以及输入查询结束后，为用户提供相关查询建议，帮助用户节省输入成本、更快地明确搜索目标，从而提升搜索效率。相比之下，实体推荐，即以实体为粒度进行信息推荐，是推荐粒度最细且信息量最丰富的一种信息推荐形式。实体推荐旨在为用户提供与其查询存在直接或间接关系的实体列表，能够帮助用户发现更多相关信息、拓展知识面，因而越来越受到用户的欢迎。因此，实体推荐不仅成为现代搜索引擎必不可少的功能之一，也正成为学术界重视的研究问题。

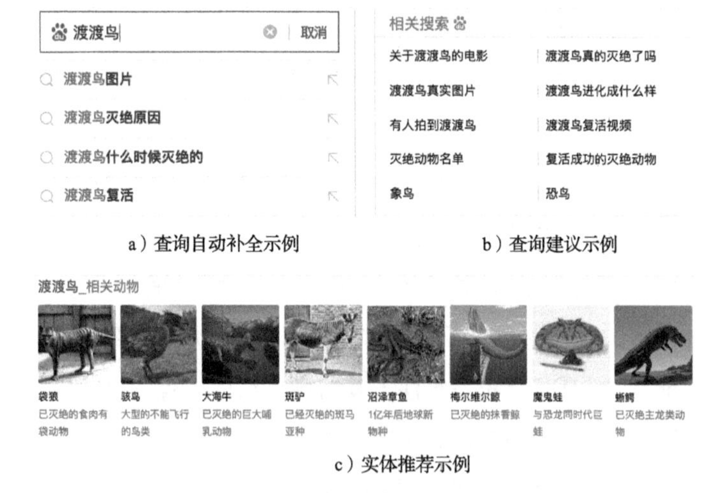

a）查询自动补全示例　　b）查询建议示例

c）实体推荐示例

图 1-1　搜索引擎中的相关信息推荐示例

实体推荐系统的目标是根据用户输入的查询，在搜索结果中提供相关实体建议，以帮助用户发现更多与其搜索需求相关的信息。用户对实体的信息需求较大，例如，超过70%的查询包含命名实体[9]，在所有查询中有大约40%的查询的主要搜索需求为其中出现的一个实体[10]。大规模知识库如Freebase[11]、DBpedia[12]的出现使得搜索引擎可以根据查询为用户推荐相关实体。图1-1c显示了百度搜索引擎为查询“渡渡鸟”所提供的实体推荐结果。系统除了提供相关实体列表，还在每一个推荐实体下方提供了推荐理由。这些由系统推荐的实体列表，为用户提供了一种探索和发现更多相关信息的方式，能够帮助用户拓展知识面，从而有效提升用户的信息发现体验与用户参与度（user engagement）。

对于传统的推荐系统，不仅需要准确地为用户提供推荐结果，还需要对推荐结果进行合理的解释以提升其可信度。例如网飞（Netflix）的电影推荐系统[13]与亚马逊（Amazon）的商品推荐系统[14]。因此，在传统的推荐系统研究中，普遍包含推荐算法以及推荐的可解释性这两方面的研究内容[15-17]。类似地，搜索引擎中的实体推荐研究也主要包含这两个方面：①实体推荐算法，其目标是获取与查询相关的实体集合并对其进行排序；②实体推荐的可解释性，其目标是为实体推荐结果生成推荐理由，以提升推荐结果的可信度。从2013年起，实体推荐得到了学术界越来越多的重视，相关研究成果陆续被发表出来。在实体推荐算法方面，美国雅虎研究院的研究者们首先研究了搜索引擎中的实体推荐算法[18]；随后，加利福尼亚大学洛杉矶分校、伊利诺伊大学厄巴纳-香槟分校以及微软研究院的研究者们先后研究了个性化实体推荐算法[5,19]；近来，马德里自治大学的研究者们研究了基于搜索会话的相关实体推荐[20]。然而，这些研究工作均未很好地解决实体推荐任务存在的诸多挑战。例如，Blanco 等人[18] 基于人工标注的小规模数据训练实体推荐模型，导致推荐出的实体较难与用户的真实信息需求相匹配；而 Yu 等人[5] 与 Bi 等人[19] 所提出的方法依赖于众多领域相关的特征，无法通过一个模型为所有类别的查询进行实体推荐，因此很难解决查询的领域无关性这一挑战；Fernandez-Tobias 等人[20] 所提出的方法则严重受制于数据稀疏问题。在实体推荐的可解释性方面，前人的工作主要集中在基于模板生成实体对推荐理由[21] 以及基于人工特征构建排序模型识别实体对推荐理由[22]。上述方法的覆盖率较低且很难实际应用于大规模真实搜索场景。而在实体推荐理由生成任务上，之前尚无相关研究工作。针对上述问题，在充分借鉴前人研究工作的基础上，我们在实体推荐算法的改进以及推荐理由的生成两方面进行了很多尝试，并取得了一些初步的研究成果，具体包括：①适用于搜索引擎的大规模实体推荐算法[6]，以及基于上下文优化实体推荐算法的具体策略[23]；②实体对推荐理由的识别[24]，以及实体推荐理由的生成[25]。

1.1.2 实体推荐的挑战及研究意义

搜索引擎中的实体推荐任务存在以下5个主要挑战：查询与实体规模庞大、查询的领域无关性、用户实体点击数据极其稀疏、很难为用户推荐具有信息新颖性（serendipity）的实体以及实体推荐结果的可解释性不足。

（1）查询与实体规模庞大 主流商业搜索引擎每天需要响应数十亿次搜索请求，因此对检索效率有极高的要求。为了能快速地从万亿级的网页库中召回可控数量的候选再进行排序，搜索引擎通常会先基于关键词建立倒排索引，然后再基于关键词进行召回，从而能大幅减少排序时所需处理的网页数量，极大地提升检索效率。实体推荐算法也需要处理多达亿级的实体，然而基于关键词的召回方法在实体推荐中无法发挥作用。其主要原因在于查询与候选实体之间通常没有任何关键词重叠。例如，虽然实体“袋狼”“斑驴”“猛犸象”以及“大海牛”都与查询“渡渡鸟”强相关，但它们之间均无任何重叠的关键词。在本研究中，我们提出了由“相关实体发现”与“相关实体排序”构成的实体推荐算法，通过将召回与排序分离成两个阶段，不仅能够灵活地对各阶段的目标进行优化，还能够基于多种数据源融合的方法召回与查询相关的实体集合，从而提升排序效率。

（2）查询的领域无关性 用户在搜索引擎中输入的查询的类别是开放领域的，因此先对查询进行分类再基于领域相关的特征进行实体推荐的方法[5,19] 缺乏通用性，而且推荐效果还会受领域数据稀疏问题以及查询分类错误的影响。首先，领域相关的特征通常从知识图谱中抽取，但知识图谱往往对热门实体的属性及其关系覆盖较高，而对长尾实体的覆盖往往不够。此外，新实体也会随着信息的发展而不断涌现。因此，如果依赖于知识图谱中的领域知识构建特征，那么实体推荐效果不可避免会受到知识图谱中长尾实体以及新实体覆盖问题的影响。其次，对于先对查询做分类然后再进行实体推荐的方法，一旦分类出现错误，推荐结果也必然会受到直接影响，甚至可能导致推荐出的实体与用户的信息需求完全无关。典型地，这些实体推荐算法在处理具有一词多义的查询时，由于通常只根据其中一个义项进行推荐，推荐的结果往往只与当前义项有关，无法提供具有多样性的推荐结果。在本研究中，我们提出了直接基于查询抽取领域无关的特征的方法，从而能够有效缓解上述问题，提升了实体推荐方法的通用性。

（3）用户实体点击数据极其稀疏 搜索引擎服务的用户众多，因此实体推荐系统需要处理近十亿的用户、数十亿的查询以及上亿级的实体。然而单个用户往往只会搜索其中很小一部分查询，也只会点击其中极小部分实体推荐结果，这必然导致大部分用户的实体点击数据存在严重的数据稀疏性。因此，直接利用搜索日志中的用户过往实体点击数据来建模用户在不同查询下对实体的偏好，必然会面临严重的数据稀疏问题。为缓解这一问题，在本研究中，除实体粒度的特征外，我们还引入了主题兴趣度、相异度等特征，从而更好地提高实体推荐算法对未知用户、查询以及实体的预测效果。此外，当前实体推荐系统倾向于根据查询最常被提及的含义进行实体推荐，因此搜索日志中的上下文相关的实体点击数据也存在严重的数据稀疏性。为此，我们提出了基于深度多任务学习的上下文相关实体推荐模型，以便借助于大规模多任务交叉数据来缓解数据稀疏问题。

（4）很难为用户推荐具有信息新颖性的实体 推荐与用户偏好高度相关的实体可能会引起推荐结果过度特定化（over-specialization）的问题，从而不利于为用户推荐出能提供额外信息增益的实体。引入信息新颖性是一种解决推荐过度特定化问题的可行手段之一[15]。然而，目前的实体推荐方法[5,18,19] 均未考虑如何提高推荐结果的信息新颖性。在本研究中，我们定义了搜索引擎中信息新颖性的概念，并围绕信息新颖性设计了相关特征与优化目标，从而能够针对用户偏好为其推荐个性化且兼具信息新颖性的实体。

（5）实体推荐结果的可解释性不足 虽然实体推荐系统为用户推荐的实体，都与用户输入的查询相关，但如果用户对实体并不了解或者缺乏相关背景知识，可能很难理解为什么这些实体会被推荐出来，从而可能导致用户感到迷惑并放弃了解这些为其推荐的实体。由此可见，对实体推荐结果进行恰当且合理的解释能够帮助用户更好地理解推荐结果并提升用户满意度。推荐理由是能够提升实体推荐结果的可解释性的一种有效方式。本书对两种不同粒度的推荐理由的识别以及生成问题进行了研究，包括实体对推荐理由的识别以及实体推荐理由的生成。一方面，当查询实体与推荐实体存在明确关系时，我们可以将对实体对关系进行描述的句子作为推荐理由（即实体对推荐理由）展现给用户；另一方面，当推荐实体与查询间不存在可归类的关系时，我们可以将能够刻画推荐实体特点的简短描述作为推荐理由（即实体推荐理由）展现给用户。在推荐结果中展现上述推荐理由，可以帮助用户理清当前实体与查询间的关系，从而提升推荐结果的可信度。

鉴于上述分析，本论文将致力于研究实体推荐算法的改进以及推荐理由的生成这两方面的关键技术。具体而言，在实体推荐算法方面，将探索如何有效解决实体推荐任务存在的前 4 个主要挑战，并致力于研究如何构建适用于搜索引擎的大规模实体推荐算法以及如何基于上下文优化实体推荐算法，从而提升实体推荐的效果以及用户的参与度。在推荐理由的生成方面，将探索如何有效解决实体推荐任务存在的第五个主要挑战，并致力于研究实体对推荐理由的识别以及实体推荐理由的生成，从而帮助提升实体推荐结果的可信度。

在这个信息爆炸的时代，搜索引擎已成为互联网上必不可少的基础设施之一。搜索引擎在帮助用户获取信息以及拓展知识面上具有无可替代的作用与价值。搜索结果中的实体推荐能够帮助用户发现更多相关信息、拓展知识面，因而越来越受到用户的欢迎。实体推荐的研究价值与意义主要包含以下两个方面。

1）关于实体推荐技术的研究对搜索引擎具有重要的经济和市场价值。推荐对于在线交易类商品服务以及内容消费类产品均具有重要的经济和市场价值。例如，据综合网上购物商城“京东”官方在2015年透露的信息显示[㊀]，个性化推荐成交的订单数已占到订单总量的13%。另据全球管理咨询公司麦肯锡在2013年的报道显示[㊁]，电子商务公司亚马逊的用户商品成交量中有35%来自推荐；而美国网络流媒体服务商网飞的所有影片观看中有75%来自推荐。由此可见，推荐能将商品和内容与具有相应需求的用户进行精准匹配，因此能够大幅提升商品发现、信息分发以及用户触达的效率，进而有利于提升用户消费以及商品贸易。而搜索引擎则是一种通用服务，用户可以在其中提交任何领域的查询，例如用户可以在搜索引擎中寻找某些信息，也可以寻找某些商品或服务。与推荐技术在上述垂直领域产品中所起的作用类似，实体推荐技术在搜索引擎中对信息链接与服务发现也起到了重要作用，进而能够帮助用户发现更多信息或服务，促进转化

㊀ 京东618：揭秘大促销背后的个性化推荐，https://www.infoq.cn/article/2015%2F06%2Fjd-618-personalrecommendation。

㊁ How retailers can keep up with consumers，https://www.mckinsey.com/industries/retail/our-insights/how-retailers-can-keep-up-with-consumers。

并形成消费。因此，实体推荐对搜索引擎也具有重要的经济和市场价值[⊖]。

2）实体推荐系统的研究涉及多个重要的研究方向，有利于促进相关技术的研究与应用。搜索引擎中的实体推荐任务面临诸多挑战，至少存在以下需要攻克的研究问题。首先，用户在搜索引擎中输入的查询往往较短，导致搜索引擎很难准确理解其背后的信息需求。因此，我们需要研究如何利用上下文信息来更准确地进行需求理解。其次，在传统推荐任务中，用户对于物品的偏好信息通常能够显式地获取到，例如用户购买过某商品或观看过某电影可以较为确定地表明用户对该事物的喜爱，而在搜索引擎中，用户对于实体的偏好信息则较难显式地获取到，因此需要研究如何利用搜索日志中的隐式反馈来建模用户偏好。再次，传统推荐任务中，对用户推荐的物品通常限定于同一个领域，例如商品或电影；而搜索引擎实体推荐中则没有任何领域限制，推荐实体有可能与查询处于完全不同的领域。因此，需要重点攻克为开放领域的查询进行相关实体推荐的难题。并且，如之前所述，用户、查询以及实体规模庞大，也会导致用户实体点击行为数据极其稀疏，因此还需要在实体推荐算法中解决数据稀疏问题。最后，还需要对实体推荐的可解释性进行研

⊖ 出于公司保密政策与数据发布安全的要求，我们无法披露实体推荐技术带来的相应商业价值。

究，从而帮助用户更好地理解推荐结果并提升用户满意度。上述挑战对实体推荐算法的研究提出了极高的要求，对用户偏好建模、排序学习算法、个性化推荐算法、上下文相关推荐算法、大规模推荐系统以及推荐的可解释性等相关技术的研究与发展提供了重要的真实问题与应用场景。

1.2 研究现状及分析

本节首先介绍实体推荐算法的研究现状，然后介绍实体推荐的可解释性的相关研究工作，最后对实体推荐研究中尚且存在的几个主要问题进行总结。

1.2.1 实体推荐算法

在搜索引擎中，实体推荐旨在为用户输入的查询推荐出一系列相关实体。具体地，给定一个用户 u 输入的查询 q，实体推荐任务的目标是首先获取一系列与 q 相关的实体集合 $\mathcal{R}(q)=\{e_1,e_2,\cdots,e_n\}$，然后学习出一个对候选实体与用户信息需求之间的匹配度进行打分的函数，最后根据$\mathcal{R}(q)$ 中各个候选实体的得分对其进行排序后获得实体推荐结果。相应地，实体推荐算法可以分解为相关实体发现与相关实体排序两个核心部分。我们首先对上述两部分分别进行总结，然后再对已有实体推荐方法进行介绍与分析，最后介绍实体推荐的评价方法。

1. 相关实体发现

由于搜索引擎中的查询与知识库中的实体规模都很庞大，通过遍历的方式计算知识库中所有实体与查询的相关度来进行召回的方法所需的计算量太大。为了提高效率，在已有的实体推荐算法中，都采用特定的方法，只从知识库中召回一小部分与查询相关的候选实体进行排序计算。此外，在获得与查询 q 相关的实体时，通常需要将 q 中的实体指称消除歧义并链接到知识库中无歧义的实体上，以获得与查询 q 对应的查询实体 e_q。对于当前大部分实体推荐系统而言，其输入为一个仅包含实体指称的搜索查询 q。仅通过 q 本身，无法获取任何对 q 的消歧有帮助的上下文信息，因此目前大部分实体推荐算法基于搜索热度对 q 进行实体链接[5,18]。而实际上，q 所在的搜索会话中的搜索历史可以看作 q 的上下文信息，从而可以利用已有的实体链接方法[26] 将 q 链接到对应的实体 e_q。在对 q 的候选实体进行排序时，既可以采用非联合的候选实体排序方法[27] 只对 q 进行消歧，也可以利用联合的候选实体排序方法[28] 对 q 所在搜索会话中所有的实体指称进行消歧。按照数据源与实体相关度计算方法的差异，目前的相关实体发现方法可以概括为以下 3 类：

（1）基于知识图谱的方法 知识图谱是一种存储实体及其关系的集中式知识库。知识图谱中构建的实体关系都是已知的事实。因此，首先，在知识图谱中与 e_q 间存在直接关系的其他实体，都可以被抽取出来作为 e_q 的相关实体集合（记为 $\mathcal{K}(e_q)$）。该思路被广泛应用于目前的各种实体推荐方法中[5,18,19]。其次，对于在知识图谱中与 e_q 间不存在直接关系的实体，可以基于图路径计算两个实体间的相似度，作为二者相关度得分[5,29]。最后，还可以根据知识图谱中两个实体的属性间的相似度[5]或者实体描述文本间的相似度[30]来计算两个实体间的相关度得分。基于后面两种方法，我们能够从知识图谱中获得更多与 e_q 相关的实体。

（2）基于搜索日志的方法 知识图谱中的实体及其关系信息往往不太完备，因此基于知识图谱获得的相关实体集合的覆盖率有限。为缓解这一问题，可以基于搜索会话共现数据来补充完善 e_q 的相关实体集合。该方法的基本思路为，使用搜索引擎的一部分用户会在同一个搜索会话中多次搜索不同的查询[31]，用户的这些搜索行为所积累起来形成的搜索日志是一种有效的挖掘实体及其关系的数据来源，从而有助于发现一些与 e_q 间存在潜在关联关系的实体。具体地，可以将与 e_q 在同一搜索会话中多次共现，且共现次数高于某个阈值的实体抽取出来，作为 e_q 的候选相关实体集合（记为 $\mathcal{S}(e_q)$）。该思路在目前的实体推荐方法中也被广泛采用[5,18,19]。

（3）基于网页文档的方法 基于搜索会话共现数据补充 e_q 的相关实体，这种方法虽然有效却严重依赖于搜索日志数据对实体的覆盖率。也就是说，该方法只能局限于使用现有搜索会话日志中出现过的实体共现信息，帮助发现与 e_q 相关的其他实体。由于新出现的实体往往缺乏共现信息，因此很难通过基于搜索日志的方法为新实体找到相关实体。为缓解这一问题，可以基于给定的网页文档，首先从中抽取与 e_q 共现过的所有实体（记为 $\mathcal{D}_r(e_q)$），然后基于 $\mathcal{D}_r(e_q)$ 中各候选实体与 e_q 间的相关度对其进行排序，最后将相关度得分高于某个阈值的实体抽取出来，作为 e_q 的候选相关实体集合（记为 $\mathcal{D}(e_q)$）。基于网页文档的方法主要可以分为以下3类：基于分类体系、基于链接结构以及基于文本内容。第一类方法主要基于两个实体在给定实体分类体系（例如维基百科[⊖]中的分类体系）中的相对位置（包括分类层次深度、路径长度等）计算二者之间的相关度[32-34]。实体分类体系往往很难覆盖所有领域，而构建特定领域的分类体系又是一件复杂与耗时的工作，因此该算法的通用性较大程度上受制于分类体系的覆盖率与完备度。第二类方法主要基于实体之间的链接结构计算相关度[35-38]。这类方法主要基于随机游走算法挖掘实体之间的引用结构，从而能够发现一些实体间潜在的深层次相关关系。这类方法主要采用链接分析算法对维基百科等文档资源中的各个实体间存在的链接进行分析并挖掘出实体间的关系。不足之处在于这类算法迭代更新的代价较大，而在

⊖ https://www.wikipedia.org/。

搜索情景下实体变化较快，导致其可用性有限。第三类方法主要基于文本内容计算实体相关度。这类方法主要基于实体间共享的某些文本信息计算实体之间的相关度。计算时主要采用的信息包括百科文章中重叠的词与短语[39]、重叠的超链接[40]、事先从文章中抽取出的关键短语[41]或者从百科文章中学习得到的实体概念向量[42,43]与分布式表示[44,45]。与分类体系相比，网页文档的覆盖率与完备度更高，且获取起来更容易。而与基于链接结构的方法相比，基于文本内容的方法可以借助的信息更多、灵活性更高且无须全局迭代。

2. 相关实体排序

相关实体排序旨在学习出一个对实体与用户信息需求之间的匹配度进行打分的函数，然后按照匹配度得分对各个候选相关实体进行排序。为用户推荐与其信息需求相匹配的实体，需要准确地对其信息需求进行理解。为此，在理解用户输入的查询背后的信息需求时，除当前查询外，往往还需要借助于用户的搜索历史。例如，一个用户在搜索了“香蕉牛奶”后再搜索“苹果”，那么用户在输入当前查询“苹果”时，很大概率是想获取与“苹果（水果）”相关的信息。此外，如果用户在最近一段时间内持续搜索各种手机相关的信息，那么当用户在搜索“苹果”时，更可能是想获取与“苹果（手机）”相关的信息。按照排序时所考虑的信息的差异，目前的实体排序方法可以概括为以下3类。

（1）基于查询的方法 这种方法在对相关实体进行排序时，只基于“查询-实体”对粒度或实体粒度构建排序特征，然后以查询与实体间的相关度为优化目标训练排序学习模型[18,46]。这种方法主要存在以下两方面的不足。一方面，实体指称类的查询通常具有歧义性，它可能指代知识库中的多个实体。例如，用户在搜索“芝加哥”时，既可能指“芝加哥（城市）”，也可能指“芝加哥（电影）”等实体。因此，这些方法在借助于知识库抽取实体间的特征时，必须首先利用实体链接技术将查询链接到知识库中无歧义的对应实体上。然而实体链接过程中可能会出现错误，导致排序效果会不可避免地受到错误传递的影响。为了有效缓解上述问题，需要在实体排序模型中降低对实体链接的重度依赖，最好是能够直接基于查询构建排序特征。另一方面，由于受实体热度相关特征的影响，这些方法排序出的结果往往偏向于查询最常被提及的含义，从而可能导致排序结果无法与用户的真实信息需求相匹配。例如，用户先后输入了查询“歌舞剧”与“追梦女孩”，然后再输入“芝加哥”，此时用户更可能是想获得与“芝加哥（电影）”相关的信息。这时，如果还按照热门含义“芝加哥（城市）”对相关实体进行排序，就可能无法将用户希望获得的实体推荐出来。

（2）基于查询及用户偏好的方法 如果只考虑查询，而不考虑用户偏好，则不同用户在搜索相同查询时获得的实体推荐结果也将完全相同，这样就无法满足用户的个性化信息需求。为了解决这一问题，可以通过在实体排序模型中引入“用户-查询-实体”三元组粒度的特征，基于查询及用户偏好共同对相关实体进行排序[5,19]，从而为用户提供个性化的实体推荐结果。然而，基于用户偏好为用户提供个性化实体推荐结果存在以下3个主要挑战。首先，在搜索引擎中很难显式地获取到用户对实体的偏好信息。为此，目前的方法均使用用户在一段时间内的长期搜索历史来建模用户对不同实体的偏好。其次，由于存在数十亿用户、数十亿查询以及亿级实体，直接利用搜索日志中的用户过往搜索行为数据来获得“用户-查询-实体”三元组粒度的特征，必然会面临严重的数据稀疏问题。为此，可以使用基于近邻[5] 或基于三方关系预测[19] 的方法来提升模型的泛化能力，从而提高实体推荐算法对未知用户、查询以及实体的预测效果。最后，推荐与用户偏好高度相关的实体可能会引起推荐结果过度特定化的问题。为了缓解该问题，可以在建模用户偏好时考虑加入信息新颖性因素，从而推荐出更多能够为用户提供额外信息增益的实体。例如，对于网飞的电影推荐系统，研究者发现将数分钟或数天内的短期流行趋势与个人喜好结合起来能够有效提升推荐效果[13]。

（3）基于查询及上下文信息的方法　如果只基于用户在搜索会话中输入的当前查询进行实体推荐，而不考虑同一搜索会话中的上下文信息，即用户在该搜索会话中输入的前序查询序列及其对应的点击信息，则相同查询在不同上下文情形下获得的实体推荐结果也将完全相同，导致可能无法满足用户的真实信息需求。为了解决这一问题，可以在实体排序模型中引入与“上下文-查询-实体”相关的特征，基于查询及上下文信息共同对相关实体进行排序。例如，可以基于搜索会话中的用户点击行为来为用户推荐相关实体[20]。然而，基于搜索会话为用户提供上下文相关实体推荐结果存在以下3个主要挑战。首先，搜索日志中的上下文相关的实体点击数据存在严重的数据稀疏问题。主要原因在于，当前实体推荐系统倾向于根据查询最常被提及的含义进行实体推荐。因此，对于具有歧义的查询而言，除最常被提及的含义外，较少以及很少被提及的含义所对应的实体点击数据都极其稀疏。其次，搜索会话中的前序查询序列并不一定都与当前查询相关，因此需要对其进行识别，只选择其中相关的查询来帮助理解当前查询的信息需求。最后，如果只基于上下文中的部分信息来理解用户的信息需求，则不可避免会出现偏差。因此，为了更准确地理解用户的信息需求，需要将搜索会话中的前序查询序列及其点击数据结合起来考虑。

3. 实体推荐方法

下面分别从相关实体发现、相关实体排序以及实际应用落地难度等方面，对目前的各个实体推荐方法进行详细介绍与分析。

Blanco等人[18] 提出了一种基于排序学习的实体推荐方法，根据实体间的相关度排序结果进行推荐。该方法解决的任务是估算给定查询 q 与候选相关实体 e 间的相关度。该方法基于知识图谱、搜索日志、社交网站等获取与查询相关的实体集合，并基于5个相关性等级对 q 与 e 间的相关度进行人工评分后，基于人工标注的相关度训练排序学习模型。该方法的主要不足在于将其应用到搜索引擎后，实际推荐效果及用户参与度可能有限，其原因有以下两点：首先，该方法只考虑实体间的相关度，而未考虑用户对候选实体的兴趣度以及用户偏好，因此真实用户对该方法所提供的实体推荐结果的参与度较为有限；其次，采用人工标注训练数据的方式成本高昂且数据量有限，而人工标注的相关性与基于真实搜索用户行为所计算出的相关性之间也不可避免地会存在偏差，因此该方法所提供的实体推荐结果可能无法有效地满足用户的真实信息需求。

Yu等人[5] 与Bi等人[19] 均提出了基于搜索日志与知识图谱的实体推荐方法，为特定领域（例如电影、人物等）的查询进行个性化实体推荐。这些方法依赖于众多领域有关的特征（例如电影类型、用户查看过的电影导演等）。因此，这些方法需要先明确领域，才能为给定领域与类别下的查询进行相关实体推荐。具体地，给定一个由用户 u 所输入的类别为 T 的查询实体 e_q^T，这些方法的目标是从搜索日志与知识图谱中获取与查询相关的实体集合，并从中抽取出一系列与

u、e_q^T 以及候选实体 e 相关的特征，然后基于众多特征学习出一个能够估算用户 u 在输入 e_q^T 时对 e 的兴趣度的打分函数 $f(u, e_q^T, e)$，从而根据兴趣度对候选相关实体集合进行排序。实验结果表明，实体点击率是所有特征中最有效的特征，对于提升实体推荐系统的效果具有至关重要的作用。这一结论也说明，在构建搜索引擎中的实体推荐系统时，如果只考虑实体间的相关度，而不考虑用户对实体的兴趣度，很难有效满足用户的真实信息需求。这些方法的主要不足是过于依赖知识图谱中的实体属性与实体关系，而知识图谱中的实体信息往往很难完备并保持及时更新，从而会不可避免地影响这些方法的实际应用效果。此外，因为这些方法依赖于领域相关的特征，所以只能为明确类别的查询进行实体推荐，而无法通过一个模型为所有类别的查询进行实体推荐。由于用户在搜索引擎中输入的查询的类别是开放领域的，如果要为所有查询进行实体推荐，则需要按照类别逐一构建不同的实体推荐模型。上述限制降低了这些推荐方法的通用性，也增加了这些方法在搜索引擎中实际落地应用的难度。

Fernandez-Tobias 等人[20] 提出了一种“基于记忆”（memory-based）的实体推荐方法，根据搜索会话为用户推荐相关实体。具体地，给定一个搜索会话 s 与候选相关实体 e，该方法的目标是估算二者相关的概率 $P(e|s)=\sum_{\bar{e}\in E(s)} P(e|\bar{e})P(\bar{e}|s)$。该公式中的 $E(s)$ 为搜索会话 s 中用

户点击的实体集合，$P(e\mid\bar{e})$ 为实体 e 与 $\bar{e}$ 间的相似度，而 $P(\bar{e}\mid s)$ 为 $\bar{e}$ 与 s 的相关度。该方法基于最近邻协同过滤推荐算法[47,48]，只依赖于搜索日志中用户的过往搜索行为，因此不受限于特定领域。但不足之处在于该方法完全依赖于用户行为数据，因此会不可避免地受制于数据稀疏与冷启动问题，尤其是缺乏用户行为数据的长尾、冷门查询以及新实体。此外，当候选实体集合中出现新实体时，必须重新计算实体相似度并重训模型。由于现实场景中新实体会持续不断出现，该方法在搜索引擎实际落地应用时较为困难。

4. 实体推荐的评价方法

在对实体推荐方法的效果进行评价时，目前的方法主要可分为以下两类：离线评价与在线评价。离线评价旨在对不同实体推荐方法给出的实体推荐结果的质量进行评价。而在线评价则旨在通过真实的大规模用户行为数据对不同实体推荐结果的用户参与度进行评价。

在实体推荐任务中广泛采用的离线评价指标主要包括以下几种：折扣累积增益（Discounted Cumulative Gain，DCG）或归一化折扣累积增益（Normalized Discounted Cumulative Gain，NDCG）[49] 以及平均排序倒数（Mean Reciprocal Rank，MRR）。DCG、NDCG 以及 MRR 均为信息检索中广泛用于衡量排序质量的评价指标。

在线评价旨在评价用户对推荐结果的参与度。为了量化并比较不同实体推荐方法的用户参与度，常用的方法是比较实体推荐结果的点击率（Click Through Rate，CTR）。CTR 是一种用于评价在线服务效果的有效评价指标[50-52]。此外，在搜索引擎公司中，基于大量在线对照实验而获得的真实用户数据进行效果评价的方式已被广泛采用[53]。通过比较在线对照实验中各个实体推荐方法所对应的 CTR 值，即可对不同实体推荐方法的用户参与度进行对比评价。CTR 值越大，表明用户参与度越高。

采用离线评价的方式，只能评价推荐结果的质量，无法评价真实用户对一个实体推荐方法所给出的推荐结果的参与度。与离线评价的方式相比，在线评价完全基于真实用户的大规模行为数据，因此其结果往往与模型上线后的实际应用效果更吻合。在目前的实体推荐方法中，大部分工作[5,19,20]只采用离线评价的方式，只有少部分工作[18]采用离线评价与在线评价两种方式。

1.2.2 实体推荐的可解释性

在传统的推荐系统中，研究结果表明对推荐结果进行恰当且合理的解释有助于提升用户在透明度、可信度、有效性、接受度与满意度等方面的体验[54-60]。虽然解释对于提升推荐系统的用户体验具有至关重要的作用，但很难对“什么是好的解释”进行统一定义，因为这往往取决于设计推荐系统时希望达到的目标。表 1-1 列出了对推荐结果进行解释的七大可能目标[61]。不同目标之间可能是互补的，也可能是对立的，因此解释不可能兼顾所有目标。例如，有效性能提升可信度，但说服性可能会降低有效性。在实体推荐系统中，用户希望能够迅速地理解推荐结果与其信息需求间的相关性。因此，实体推荐解释的目标更侧重于有效性、效率、可信度以及满意度这4个目标。

表 1-1　推荐系统可解释性的目标[61]

目标	定义
透明度（transparency）	解释推荐系统如何工作
可检视（scrutability）	让用户发现推荐是否准确
可信度（trust）	提升用户对推荐系统的信任
有效性（effectiveness）	帮助用户做出更好的决策
说服性（persuasiveness）	说服用户进行尝试或购买
效率（effciency）	帮助用户更快地做出决策
满意度（satisfaction）	提升易用性或愉悦度

具体地，在实体推荐中，如果系统只根据用户输入的查询返回相关实体推荐结果，而不对推荐结果进行必要的解释，用户可能不易理解为什么这些实体会被推荐给自己，进而会对推荐结果产生疑惑。因此，实体推荐系统不仅需要准确地为用户提供与其信息需求相关的实体，还需要提供恰当且合理的推荐理由，以便于用户能够迅速地理解、相信并接受所推荐的实体结果。以图 1-2 为例，当用户输入查询“奥巴马”或者“渡渡鸟”后，如果在实体推荐结果中只展示实体名称，而不展示推荐理由，当用户缺乏相关背景知识时，

图 1-2　带有推荐理由的实体推荐结果示例

可能较难理解这些实体与查询之间的相互关系。从图中可以看出，推荐理由有 3 种不同的粒度：基于实体集合的推荐理由（简称为集合推荐理由）、基于实体对的推荐理由（简称为实体对推荐理由）以及基于实体的推荐理由（简称为实体推荐理由）。其中集合推荐理由旨在从集合粒度出发解释为什么推荐这些实体，而实体对推荐理由以及实体推荐理由则旨在从实体粒度出发解释为什么推荐这个实体。例如，集合推荐理由“已经灭绝的动物”描述了该实体集合中的 4 个实体与查询“渡渡鸟”的共同特点，让用户能够迅速地理解为什么会推荐这些实体。而每个实体下方所展示的推荐理由，例如“总统奥巴马同父异母弟”，则能帮助用户理解单个实体与其信息需求之间存在怎样的相关性。由此可见，在实体推荐结果中展示推荐理由，能够帮助用户快速了解查询实体与推荐实体间的关系或者推荐实体的特点和关键信息，从而帮助用户厘清这些实体与自己所输入的查询之间存在的关系或联系，因此有助于提升实体推荐结果的可解释性[62,63]。

1. 集合推荐理由

集合推荐理由旨在解释推荐实体集合与用户查询所蕴含的信息需求间存在怎样的相关性，从而方便用户判断是否有兴趣进一步了解其中包含的推荐实体。集合推荐理由生成任务旨在生成能够描述一组实体共同特点的句子。前人在集合推荐理由生成上的研究鲜有涉猎。在研究与实际应用中，我们使用了基于模板的方法来生成集合推荐理由。具体地，我们事先定义好模板，然后再通过填充模板词槽来生成集合推荐理由。使用查询实体与推荐实体的共同分类标签作为模板词槽是一种简捷可行且覆盖率较高的方法。例如，我们可以使用基于知识图谱的方法[64,65]，从中获取多个实体的共同属性描述（如“动物”）后再基于模板（如“相关[分类标签]”）填充对应词槽生成解释文本。这种方法的主要不足在于推荐理由粒度过粗，提供的信息往往不够丰富，而且解释模板多样性较低。例如，与“相关动物”相比，“已经灭绝的动物”更能提升实体推荐结果的有效性与可信度，因为后者不仅反映了查询“渡渡鸟”与集合中所有推荐实体之间的共同特点，还预测并概括了用户在搜索该查询时的潜在信息需求之一。由此可见，在集合推荐理由中提供更细粒度的信息至关重要。为了缓解这一问题，我们可以采用基于情感词生成解释文本的思路[66,67]，从评论文本中抽取出查询实体与实体集合所包含的各实体共同具有的情感词（如“已经灭绝”），然后再基于模板（如“[情感词] 的 [分类标签]”）填充情感词词槽生成解释文本。虽然这种方法能够生成信息量较为丰富的集合推荐理由，但不足之处在于覆盖率往往有限且准确率受情感词生成方法效果的影响较大。

2. 实体对推荐理由

实体对推荐理由旨在解释推荐实体与查询实体间存在怎样的相关性，从而方便用户判断是否有兴趣进一步了解该实体。如图 1-2 所示的查询“奥巴马”的实体推荐结果示例中可以看出，每个实体下方所展示的推荐理由都描述了各对应实体与查询实体“奥巴马”之间的关系。例如，在实体“米歇尔 · 奥巴马”下方所展示的推荐理由“92 年结婚并育有俩女儿”，提供了有关查询实体“奥巴马”与推荐实体“米歇尔 · 奥巴马”这两个实体之间关系的描述。

实体对推荐理由生成任务旨在生成能够描述两个实体间关系的句子。在这一任务上，目前的方法主要侧重于解决以下问题：给定两个实体及其关系构成的三元组$\langle e_i, r_k, e_j \rangle$，生成能够描述 e_i 与 e_j 间给定关系 r_k 的自然语言句子。现有解决方法可以概括为以下两类。

（1）基于模板的方法　模板可以由人工标注或自动学习

获得。虽然采用基于人工标注模板的方法生成实体对推荐理由[68] 简单易行，却存在两个方面的局限。首先，这种方法需要为每一种实体关系人工标注一定数量的模板，由于关系众多且人工标注成本高昂，该方法很难应用于大规模实体对推荐理由生成任务上。其次，虽然该方法能达到很高的准确率，但由于人工标注的模板数量往往有限，召回率常常较低。为了解决上述问题，Voskarides 等人[21] 首先基于知识图谱自动获得特定实体关系 r_k 的描述句子模板，然后在为具备同样关系的新三元组 $\langle e_h, r_k, e_t \rangle$ 生成实体对推荐理由时，只需要在模板中将新实体对 e_h 与 e_t 及其属性填入对应的槽进行实例化即可。这种方法能够有效地处理高频实体关系的描述，例如，基于大量关系为〈演员，主演，电影〉的三元组及其实体对推荐理由构建出实体依赖关系图，然后再根据该关系图自动学习出模板（如“[电影] 是 [公司] 出品的 [电影类型] 电影，由 [演员] 领衔主演”）。当给定新三元组〈尼尔·塞西，主演，奇幻森林〉时，基于该模板与知识图谱中的实体属性信息（如电影《奇幻森林》的出品公司与电影类型），即可生成实体对推荐理由“《奇幻森林》是迪士尼出品的奇幻真人动画电影，由尼尔·塞西领衔主演”。但该方法的不足之处在于知识图谱中实体关系与实体属性的覆盖率往往有限，会导致在实际大规模实体推荐系统应用中的召回率较低。此外，由于生成的关系描述句子的表达方式有限且固定，实体对推荐理由的多样性较低。

(2) 基于句子检索的方法 Voskarides 等人[22] 首先对识别实体对推荐理由这一任务进行了研究，并提出了一种基于 pointwise（单文档）排序模型的实体对推荐理由排序方法：首先从给定文档中抽取出候选句子，然后再基于人工设计的特征对这些候选句子进行排序，从而识别出与给定三元组所对应的描述句子。虽然该方法在小规模数据（研究人员为 1 476 个三元组人工标注了 5 689 个句子）上取得了较好的实验结果，但在应用于大规模、真实任务时显现出两方面的缺点。首先，大规模训练数据对基于有监督机器学习方法的排序模型而言至关重要，由于人工标注成本高昂，采用这种方法构建大规模训练数据太过昂贵。其次，该方法使用人工设计的特征训练排序模型，因为在特征抽取过程中不可避免地会出现错误，所以基于人工特征的排序模型的效果会不可避免地受到错误传递的影响。

3. 实体推荐理由

实体推荐理由旨在通过在实体下方展示能够刻画实体特点的简短描述，来辅助用户厘清当前实体与查询之间存在的关联，从而提升推荐结果的可信度。如图 1-2 所示的查询“渡渡鸟”的实体推荐结果示例中可以看出，每个实体下方所展示的推荐理由都描述了各对应实体的特点。例如，在实体“袋狼”下方所展示的推荐理由“已灭绝的食肉有袋动物”，提供了有关“袋狼”这个实体的特点，从而有助于用户了解这个实体与查询实体“渡渡鸟”之间存在的关联。

实体推荐理由生成任务旨在生成能够刻画实体特点的简短描述。在这一任务上，目前的方法主要侧重于解决以下问题：给定一个实体 e 及其描述句子 sent，生成能够描述该实体独特之处的简短、精炼的自然语言表述 eh，即“实体推荐理由”。以实体“袋狼”（e）为例，给定一个描述该实体信息的句子“袋狼曾经是留存到现代的最大的有袋类食肉动物，却因为环境因素在澳洲大陆消失并灭绝”（sent），实体推荐理由生成任务的目标是从 sent 中生成出一个与实体 e 相关的自然语言表述“已灭绝的食肉有袋动物”（eh）。由于该任务具有特定性，前人在实体推荐理由生成研究上鲜有涉猎。如果不考虑实体 e，则可以将该任务简化为基于句子 sent 的序列标注任务或摘要任务。因此，可以采用基于神经网络的序列标注模型[69,70]，从 sent 中抽取出重要信息；或者采用生成式句子摘要方法[71-73]，从 sent 中生成能够保留重要信息的更短的句子。这些方法的主要不足在于生成的结果虽然保留了源句子中的重要信息，但由于在生成时并未考虑实体，可能无法概括实体的特点。

4. 推荐理由评价指标

推荐理由生成以文本生成方法为主，评价指标主要采用 BLEU[74]、ROUGE[75] 以及人工评价这 3 种方式[25,63]。BLEU 与 ROUGE 分别是机器翻译与文本摘要中广泛采用的评价指标。BLEU 用于衡量模型产出的翻译结果与标准参照译文间的相似度。而 ROUGE 则主要用于衡量模型产出的摘要与人撰写的标准参照摘要间的相似度。人工评价与机器翻译中所采用的人工评价方法[76] 类似，主要基于流畅度与可用度这两个指标对模型生成的推荐理由的质量进行评价。

1.2.3 尚且存在的问题

在上述小节中，我们在充分调研与深入分析的基础上对实体推荐研究进行了综述。其中重点介绍了实体推荐研究的两个关键问题，包括实体推荐算法与实体推荐的可解释性。相比信息检索及自然语言处理领域中较为成熟的研究方向，搜索引擎中的实体推荐研究从开始到目前为止只有短短 7 年左右的时间。虽然从 2013 年起，实体推荐得到了研究人员的广泛关注，相关研究成果陆续被发表出来，但由于该方向的研究时间相对较短，仍然存在许多值得深入探索的问题。在本节中，我们针对搜索引擎实体推荐任务的特点与存在的挑战并结合自身的研究经验，提出一些未来值得进一步研究的问题，希望对本领域的其他研究者能有所启发。

问题 1：为复杂查询推荐相关实体。由于实体指称类的查询（例如“奥巴马”）的搜索意图较易识别，目前的实体推荐方法都只处理实体指称类的简单查询[5,6,18,19,23]。相比之下，包含一个或多个实体指称（如“奥巴马的教育履历”）以及未包含任何实体指称（如“什么东西适合天冷时吃”）

的复杂查询的搜索意图更难识别，目前的实体推荐方法均未对这两类查询做出处理。由于实体指称类查询在搜索引擎整体查询中的占比有限，例如 Li 等人[77] 的统计结果显示仅有48.8%的查询为实体指称类查询。因此，为了提升实体推荐结果的覆盖率，目前的主流商业搜索引擎如百度、Google 均支持为复杂查询进行实体推荐，典型的查询示例为“奥巴马的教育履历”（百度）、“什么东西适合天冷时吃”（百度）、“Einstein education”（Google）。为了处理复杂查询，需要对其背后的搜索意图进行语义理解，从而提供与之相关的实体推荐结果。这也是将实体推荐方法实际应用到大规模搜索引擎所要面临的挑战之一，因此需要对该问题进行深入研究。

问题 2：结合用户的长期与短期搜索历史对用户的信息需求进行理解。近年来，为了更准确地理解用户查询背后的信息需求，从而为用户推荐与其信息需求更相关的实体，研究者们提出了两种不同的思路：使用用户在一段时间内的长期搜索历史建模用户对不同实体的偏好来为用户提供个性化的实体推荐结果[5,6,19]，以及使用用户在单个搜索会话中的短期搜索历史建模用户对不同实体的短期兴趣来为用户提供上下文相关实体推荐结果[20,23]。其中，上下文信息有助于更准确地理解用户查询背后的搜索意图，对于提升实体推荐结果的相关性具有重要作用。而用户偏好信息有助于更准确地理解用户对不同实体的偏好程度，对于提升实体推荐结果的个性化程度具有重要作用。然而，要将用户对实体的偏好和短期兴趣进行有效建模与融合存在较大挑战，之前的研究工作对此也鲜有涉猎。因此，如果能将用户的长期与短期搜索历史进行融合来更准确地理解用户的信息需求，即可为用户提供既个性化又上下文相关的实体推荐结果，这也将极大地提升实体推荐的效果。

问题 3：在实体推荐模型中引入更多维度的用户行为数据。借助于用户偏好信息，可以更好地理解不同用户对不同实体的偏好程度，从而为用户推荐出更具个性化的实体。但目前的实体推荐方法在建模用户偏好时，只考虑了用户对实体的历史点击率[5,6,19]，而未考虑用户历史上搜索过的查询以及点击与浏览过的网页文档。用户的搜索、点击以及浏览行为都能反映用户对不同信息的偏好，对更准确地建模用户偏好具有重要作用。例如，Wu 等人[78] 的研究表明，在查询建议任务中引入用户的网页点击与浏览信息，有助于为用户提供更准确且多样化的结果。这表明在个性化实体推荐模型的未来研究中，可以考虑引入更多维度的用户行为数据。

问题 4：基于神经网络的多模态实体推荐模型。从图 1-2 中可以看出，实体图片也是实体推荐结果的重要组成部分。如果一个实体图片能够非常生动地刻画该实体的最典型特征（如图 1-2 中“斑驴”的图片），就相当于从视觉上对实体的特点进行了呈现。而用户一旦对一个实体的图片产生了兴趣，自然地就会想进一步了解该实体。因此，实体图片在一定程度上也起到了对实体推荐结果进行解释的作用，这也契合了常说的“一图胜千言”。这说明实体图片在实体推荐系统中也具有重要作用。虽然已有研究工作探索将电影封面图作为个性化因素引入电影推荐系统[79]，但目前的实体推荐研究工作均未考虑实体图片，也尚无工作对实体图片在实体推荐系统中的作用与效果进行研究与分析。因为神经网络能够在一个统一的空间中对不同模态（如文本、图像、语音等）的数据进行表示，所以采用神经网络构建基于多模态实体信息（如实体名称、实体描述、实体图片等）的实体推荐模型，也是未来值得探索的研究方向。

问题 5：大规模开放数据集。将实体推荐系统应用于大规模搜索引擎，需要大规模知识库与海量真实用户数据进行模型训练与效果评测。大规模知识库的构建是一项极其耗时耗力的工作，因此目前的一部分工作选择使用开放知识库[5,19] 如 Freebase[11]；而另一部分工作则选择使用所在公司构建的专有知识库[6,18]。此外，由于缺少面向实体推荐任务的大规模搜索日志开放数据集，人工标注数据集的方式往往存在以下两方面的缺点：①人工标注成本高昂且标注的数据量往往有限；②人工标注的相关性与基于真实搜索用户行为所计算出的相关性之间不可避免地存在偏差。因此，目前的大部分实体推荐方法均基于搜索日志与实体点击日志，自动从中生成模型训练所需的数据集[5,6,19,20,23]。只有少部分方法采用人工标注的方式构建数据集[18]。大规模知识库与搜索日志对于实体推荐研究至关重要，缺少开放数据集会影响该研究领域的发展。因此，希望广大研究者能够共同努力，推出与该任务相关的大规模开放数据集，以促进本研究的发展。

问题6：提升实体推荐的可解释性。为实体推荐结果提供恰当且合理的推荐理由，能够帮助用户迅速地理解、相信并接受推荐结果。但目前的工作只解决了其中一部分问题，该方向的工作至少存在以下待解决或待改进的问题：第一，实体对关系可能会随时间发生变化，因此需要对实体对间不断变化的关系进行描述；第二，目前的方法只侧重于为存在直接关系的实体对生成推荐理由，无法很好地处理存在非直接关系的实体对；第三，为进一步提升相关性，在展示推荐理由时，需要考虑为不同查询选择最合适的推荐理由。

1.3 本书的研究内容及章节安排

本书从搜索引擎中的实体推荐的两个主要研究方面——实体推荐算法以及实体推荐的可解释性入手，深入地研究了实体推荐算法的改进以及推荐理由的生成这两方面的关键技术，具体包括：①在实体推荐算法层面，我们研究了如何构建适用于搜索引擎的大规模实体推荐算法，有效解决了实体推荐任务存在的查询与实体规模庞大、查询的领域无关性、用户实体点击数据极其稀疏以及很难为用户推荐具有信息新颖性的实体等问题，显著提升了实体推荐的效果以及用户参与度；②在优化实体推荐算法层面，我们提出了一种基于深度多任务学习的上下文相关实体推荐模型，利用搜索会话中的上下文信息来更准确地理解用户的信息需求，从而显著提升了推荐结果与用户信息需求之间的相关性；③在实体对推荐理由识别层面，我们提出了一种基于卷积神经网络的实体对推荐理由排序方法，利用搜索引擎点击日志自动构建大规模训练数据，并通过卷积神经网络自动进行特征学习，从而识别出质量更高的实体对推荐理由；④我们还系统深入地研究了实体推荐理由生成任务，并提出了一种由实体信息指导的基于序列到序列学习的实体推荐理由生成模型，使得生成的实体推荐理由质量更高且与实体更相关。

从搜索引擎实体推荐系统角度出发，不仅需要为用户提供与其查询相关的实体推荐结果，还需要对实体推荐结果进行恰当且合理的解释，以帮助用户更好地理解推荐结果。第①、②部分的工作均致力于推荐算法的改进，而第③、④部分的工作则致力于增强实体推荐结果的可解释性。其中，第①部分聚焦于实体推荐算法，即如何构建适用于搜索引擎的大规模实体推荐算法；第②部分则聚焦于实体推荐算法的一个子研究问题，即如何利用上下文信息提升实体推荐算法的效果。而第③、④部分工作旨在解决两种不同粒度的推荐理由的生成问题。因此，这 4 部分工作以搜索引擎实体推荐系统为核心，对其中的关键技术进行了系统地研究。本书结构框架如图 1-3 所示。

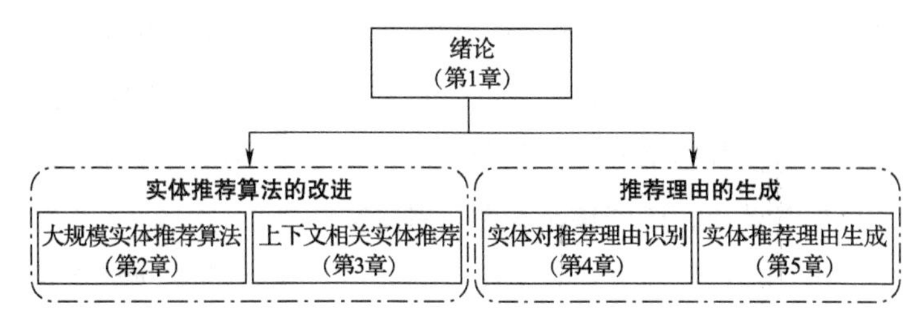

图 1-3　本书结构框架

具体地，本书共含 5 章，各章内容具体如下：

第 1 章：本章首先阐明了实体推荐研究的背景和意义，特别是具体给出了实体推荐任务的定义，并介绍了实体推荐的可解释性的重要性。接下来，本章对实体推荐的研究现状进行了概述与分析，其中既包括实体推荐算法的介绍与分析，也包括对推荐理由生成相关研究方向的简介和分析。此外，还对实体推荐研究中尚且存在的几个主要问题进行了总结，留待后续努力攻克。最后，对本书主要内容进行了规划。

第 2 章：构建适用于搜索引擎的大规模实体推荐系统主要面临以下 4 个挑战：查询与实体规模庞大、查询的领域无关性、用户实体点击数据极其稀疏以及很难为用户推荐具有信息新颖性的实体。针对上述挑战，我们提出了一种基于排序学习框架的实体推荐算法，并围绕信息新颖性设计了相关特征与优化目标。一方面能够灵活地对召回与排序进行分阶段优化，另一方面能够直接基于查询并面向信息新颖性构建多种粒度的排序特征，进而能够针对不同用户偏好以及任何类型的查询，为用户提供个性化且兼具信息新颖性的实体推荐结果。实验结果表明，我们所提出的方法不仅能显著提升实体推荐效果，还能够显著提升用户参与度。

第 3 章：目前大部分实体推荐方法普遍忽略了搜索会话中的上下文信息，只基于用户输入的当前查询进行实体推荐，从而可能导致推荐结果无法与用户的信息需求相匹配，这也导致相同查询在不同上下文情形下的用户行为数据存在稀疏问题。针对上述问题，我们提出了一种基于深度多任务学习的上下文相关实体推荐模型。一方面能够借助于大规模多任务交叉数据来缓解数据稀疏问题，另一方面能够利用上下文相关文档排序这一辅助任务，通过共享表示来实现知识迁移。实验结果表明，在实体推荐中引入上下文信息能够显著提升推荐效果，并且采用多任务学习能够进一步提升推荐效果。

第 4 章：当推荐实体与查询实体之间存在确定的实体关系时，在实体推荐结果中展现实体对推荐理由，即能够翔实地描述给定实体对之间的关系的句子，能够帮助用户更好地理解推荐实体与查询实体之间的关系，从而显著提升推荐结果的可信度。前人提出的实体对推荐理由排序方法依赖于人工标注的数据集以及人工设计的特征。该方法存在以下两个问题：①人工标注成本高昂且样本规模小；②在抽取特征的过程中不可避免地会出现错误，从而影响排序效果。针对上述问题，我们提出了一种基于卷积神经网络的实体对推荐理由识别方法。一方面能够借助于搜索引擎点击日志自动构建大规模训练数据，另一方面能够通过卷积神经网络自动进行特征学习。实验结果表明，我们所提出的方法能够识别出质量更高的实体对推荐理由。

第 5 章：当推荐实体与查询之间并不存在可归类的关系时，无法通过实体对及其关系生成推荐理由。为解决这一问题，可以在实体推荐结果中展现实体推荐理由，即能够刻画推荐实体特点的简短描述，来辅助用户理清当前实体与查询之间存在的关联，从而提升推荐结果的可信度。为此，我们提出了一种由实体信息指导的基于序列到序列学习的实体推荐理由生成模型。为了更好地确定源句子中与实体相关的信息、保留源句子中的重要词以及缓解生成重复词的问题，我们在解码过程中分别引入了注意力机制、复制机制以及覆盖机制。此外，我们还在解码过程中引入了实体名作为辅助信息，从而指引模型生成与实体相关的推荐理由。实验结果表明，我们所提出的方法能够生成质量更高的实体推荐理由。

本书在最后给出了整个研究的结论，并对未来工作进行了展望。

第 2 章

基于排序学习与信息新颖性增强的实体推荐

2.1 引言

近年来，实体推荐已经成为现代搜索引擎必不可少的功能之一。实体推荐系统的目标是根据用户输入的查询，在搜索结果中提供与之相关的实体搜索建议，帮助用户发现更多相关信息并拓展知识面，从而提升用户的搜索体验。图 2-1 显示了百度搜索引擎为查询“奥巴马”所提供的搜索结果。左侧区域展现的是与该查询相关的网页，而与该查询相关的实体推荐，则展现在右侧区域的“相关人物”中。这些推荐的实体，能够帮助用户更加便捷地找到与其搜索需求相关的信息，从而提升用户的信息发现体验。

构建适用于搜索引擎的大规模实体推荐系统主要面临以下四个挑战：查询与实体规模庞大、查询的领域无关性、用户实体点击数据极其稀疏以及很难为用户推荐具有信息新颖

图 2-1　查询“奥巴马”所对应的百度搜索结果

性的实体。首先，由于查询与实体规模庞大，无法遍历亿级实体为数十亿查询提供相关实体集合。为了提高效率，在已有的实体推荐方法中，都采用特定的方法，只从知识库中召回一小部分与查询相关的候选实体。目前的方法主要是基于知识图谱与搜索日志获得与查询相关的实体集合[5,18,19]。由于这两种数据源的覆盖率有限，我们额外使用了基于网页文档的方法为查询扩充相关实体集合。其次，用户在搜索引擎中输入的查询类别是开放领域的，因此先对查询进行分类再基于领域相关的特征进行实体推荐的方法[5,19]缺乏通用性，而且推荐效果还会受领域数据稀疏以及查询分类错误的影响。为解决这一问题，我们直接基于查询抽取领域无关的特征，而非对查询进行分类后再抽取领域相关的特征。再次，由于存在数十亿用户、数十亿查询以及亿级实体，直接利用搜索日志中的用户过往实体点击数据来建模用户在不同查询下对各种实体的偏好，必然会面临严重的数据稀疏问题。为此，目前的方法以实体为粒度，使用基于近邻[5] 或基于三方关系预测[19] 的方法来提升模型的泛化能力。为缓解这一问题，除实体粒度的特征外，我们还额外引入了主题兴趣度、相异度等特征，从而更好地提高实体推荐算法对未知用户、查询以及实体的预测效果。最后，推荐与用户偏好高度相关的实体可能会引起推荐结果过度特定化（over-specialization）的问题。引入信息新颖性（serendipity）是一种解决推荐过度特定化问题的可行手段之一[15]。然而，目前的实体推荐方法[5,18,19] 均未考虑如何提高推荐结果的信息新颖性。为了解决这一问题，我们在建模用户偏好时还考虑了信息新颖性因素，以便推荐出更多能够为用户提供额外信息增益的实体。

具体地，针对搜索引擎实体推荐任务存在的上述挑战，在本章中，我们提出了一种基于排序学习框架（learning to rank）的实体推荐算法，从而有效地将相关实体发现与实体排序进行融合。首先，通过知识库、搜索日志以及网页文档三种数据源获取与查询相关的实体集合，而非对所有实体进行相关性计算，从而提升了召回效率。其次，直接基于查询抽取领域无关的特征，而非对查询进行分类后再抽取领域相关的特征，从而能够为任何类型的查询进行实体推荐。最后，通过不同粒度的特征来建模用户对实体的偏好，并为排序学习模型引入了与信息新颖性三要素紧密相关的三组特征，从而能够针对用户偏好为其推荐个性化且兼具信息新颖性的实体。

我们在百度搜索引擎上采样并构建了大规模、真实数据集，并在此之上进行了大量的实验。实验结果表明，我们所提出的方法在实体推荐效果上显著优于多个稳健的基线方法。我们还对各组特征的作用进行了分析，结果表明兴趣度特征是其中最有效的特征，且加入意外度特征能够显著提升实体推荐的效果。此外，我们还在百度搜索引擎上进行了一系列在线对照实验。该实验结果表明，相比所有基线方法，我们的方法还能够显著提升用户参与度，从而更进一步验证了我们所提出的实体推荐算法的有效性。

2.2 问题定义

在本节中，我们首先给出本研究中对于信息新颖性的定义，然后给出为用户推荐带有信息新颖性的相关实体这一任务的定义。

2.2.1 信息新颖性定义

信息新颖性在提升推荐系统的用户满意度上具有重要的

作用，是一种解决推荐过度特定化问题的可行手段之一[15]。推荐系统给出的推荐结果往往存在过度特定化的问题[80,81]，主要原因在于推荐系统自身缺乏一种能够给出令用户意想不到的推荐结果的机制。为解决这一问题，研究者们提出了加入随机因素[82]、过滤掉与物品或用户偏好太过相似的推荐结果[83] 以及在推荐系统中引入信息新颖性因素[81,84-88] 等方法。在这些方法中，引入信息新颖性因素有助于用户发现意想不到但可能感兴趣的相关结果，从而有效地提升用户的信息发现体验[81,86-89]。例如，Adamopoulos 等人[88] 提出了通过为用户推荐意料之外的物品来提升信息新颖性。Iaquinta 等人[81] 则提出了通过为用户推荐在语义上与其喜好关联度更远的新鲜物品来提升信息新颖性。Zhang 等人[86] 则研究了如何在确保对准确率产生有限影响的情况下增强推荐结果的信息新颖性。在这些传统的基于物品（item-based）的推荐研究工作中，研究者们对信息新颖性的概念进行了不同的定义并以之为目标进行了优化。因为这些工作对信息新颖性的定义与本章所研究的面向实体推荐的信息新颖性存在显著差异，所以无法将这些方法直接应用在实体推荐中。

信息新颖性的定义尚未标准化。在推荐系统领域的众多研究工作中，研究者们针对信息新颖性提出了不同的定义。信息新颖性的概念最初由 Herlocker 等人[90] 提出，其将具有信息新颖性的推荐结果定义为那些用户可能尚未发现，但却能够帮助用户发现新鲜（novel）且有趣物品的推荐结果。而 Adamopoulos 等人[88] 将信息新颖性描述为用户对一个之前未知物品的意外程度及其正向情绪回应。Ge 等人[85] 及 Bordino 等人[87] 则将信息新颖性作为一种衡量推荐算法效果的指标，用于检验推荐结果中有多大比例是相关、新鲜以及可能给用户带来正向惊奇的结果。Zhang 等人[86] 将信息新颖性作为衡量推荐结果“出奇（unusualness）”或“惊奇（surprise）”程度的一种方法，并认为信息新颖性能够反映出推荐结果与用户预期内容在语义上的距离。从这些不同的定义中，我们可以找到一些共同之处并总结出有关信息新颖性的三个重要因素：相关度（relatedness），意外度（unexpectedness）以及兴趣度（interestingness）。基于上述三个重要因素，我们将实体推荐中具有信息新颖性的实体定义如下：①实体需要与用户输入的当前查询相关（相关度）；②该实体与当前查询之间的关联关系尚未被用户觉察或发现（意外度）；③更重要的是，在用户搜索当前查询时，该实体能够激起用户的兴趣（兴趣度）。简而言之，具有信息新颖性的实体是与给定查询相关、有新鲜性且尚未被用户所发现，同时还能够引起用户兴趣的实体。具体地，给定一个由用户 u 所输入的查询 q，如果推荐实体 e 与 q 相关、e 对 u 而言具有新鲜性且 e 尚未被 u 所发现，同时 e 还能够激起 u 的兴趣，则 e 为一个具有信息新颖性的实体。

为了能更清楚地解释信息新颖性的概念，我们围绕实体推荐系统中的一些具体示例进行详细说明。为便于解释具有不同信息新颖性的实体推荐结果之间的差异，我们假定某个用户 u 对电影《泰坦尼克号》非常了解，她最喜欢的导演是卡梅隆，并且 u 当前正在搜索的查询 q 为“泰坦尼克号”。首先，假设系统为用户 u 推荐的是由卡梅隆导演的其他电影，例如《终结者》《真实的谎言》以及《阿凡达》。虽然这些实体与查询 q 以及用户 u 的偏好都强相关，但这些推荐结果可能并不具有信息新颖性，原因在于这些推荐可能已经被用户 u 所熟知。其次，假设系统为用户 u 推荐的是由卡梅隆导演的未来几年才会上映的新电影，例如《阿凡达 2》《阿凡达 3》以及《阿凡达 4》。由于 u 可能之前并不知晓这些实体，那么这些实体对用户 u 而言是新鲜的。但这些推荐结果可能仍然不具有信息新颖性，原因在于用户 u 从其已知的“阿凡达”电影的“续集”这个线索出发，很可能自己就能较为容易地发现这些实体。因此，上述两类推荐结果在帮助用户发现具有信息新颖性的实体上的机会较低。相比之下，如果系统为用户 u 推荐的是由其不熟知的导演或新导演执导的电影，例如《海神号历险记》（由罗纳德·尼姆导演的发布于 1972 年的大堆头灾难片）以及《泰坦尼克号Ⅱ》（由肖恩·范·戴克导演的发布于 2010 年的低成本灾难片，该片不是由卡梅隆执导的电影《泰坦尼克号》的续集）。这些推荐结果很有可能帮助用户 u 发现具有信息新颖性的实体，原因在于这些推荐揭示了与查询 q 以及用户 u 的偏好之间存在的某些有趣的关联关系（都是海难题材的电影），并且这些实体有可能尚未被用户 u 所发现。从上述示例中可以看出，具有信息新颖性的推荐必然也是新鲜的，但反过来则不一定成立。为了让用户有更好的搜索体验，对于实体推荐系统而言，不仅需要能够为用户推荐出相关且新鲜的实体，同样也需要能够推荐出具有信息新颖性的实体。由此可见，为了更好地提高用户的参与度，在构建实体推荐系统时考虑信息新颖性显得至关重要。就我们目前所知，在为用户输入的查询推荐带有信息新颖性的实体这一方向上，尚无已公开的研究工作。

2.2.2 基于信息新颖性增强的实体推荐任务定义

为用户推荐与其输入的查询相关且带有信息新颖性的实体，需要我们在设计实体推荐算法时考虑相应的优化目标。在本研究中，我们期望提升实体推荐的信息新颖性。因此，我们选择了与信息新颖性三要素紧密相关的三组特征以及相应的学习算法。具体地，我们在提出的实体推荐算法中引入了能够揭示不同程度的相关度、意外度以及兴趣度的多个特征，并以兴趣度为目标对候选实体进行排序。因此，与信息新颖性有关的这三组特征能被融合到同一个实体推荐算法中，用于估算给定实体的信息新颖性。

给定一个由用户 u 所输入的查询 q，我们的目标任务是抽取出一系列与 q 相关的实体 $\mathcal{R}(q)=\{e_1, e_2, \cdots, e_n\}$，并基于信息新颖性三要素相关的特征，学习出一个能够估算用

户 u 对给定实体的兴趣度的打分函数，从而根据兴趣度得分对 $\mathcal{R}(q)$ 中的实体进行排序。该任务的关键在于兴趣度建模，我们采用 Gao 等人[91,92] 的方式，将兴趣度建模任务转化为学习如下一个映射函数：

$$f: U \times Q \times E \to \mathbb{R} \tag{2-1}$$

其中 U 为所有用户构成的集合，Q 为所有查询构成的集合，E 为与 Q 中所有查询相关的实体集合，而 $\mathbb{R}$ 是兴趣度得分结果。函数 $f(u, q, e)$ 刻画的是用户 $u \in U$ 在搜索 $q \in Q$ 时，对实体 $e \in E$ 的兴趣度㊀。

为了更直观地与目前的实体推荐方法进行对比，我们从考虑的信息、方法是否领域无关以及优化目标等方面对所有方法进行了总结与对比。为了对比的全面性，我们也将本章以及下一章的方法包含在内。表 2-1 显示了不同实体推荐方法的对比结果。

表 2-1 不同实体推荐方法的对比结果

推荐方法	查询	上下文	用户偏好	信息新颖性	领域无关	优化目标
Spark[18]	√	×	×	×	√	相关度
PRM-KNN[5]	√	×	√	×	×	兴趣度
TEM[19]	√	×	√	×	×	兴趣度
CF[20]	√	√	×	×	√	兴趣度
第 3 章[23]	√	√	×	×	√	兴趣度
本章[6]	√	×	√	√	√	兴趣度

㊀ 对于所有不在 $\mathcal{R}(q)$ 中的实体，我们将其兴趣度得分置为 0，即：$\forall e \notin \mathcal{R}(q) f(u, q, e) = 0$，其中 $\mathcal{R}(q)$ 为与 q 相关的候选实体集合。

2.3 基于排序学习框架的实体推荐算法

我们提出的基于排序学习框架的实体推荐算法由两部分构成：相关实体发现以及相关实体排序。前者用于为用户 u 所输入的查询 q 自动抽取出与其相关的候选实体集合 $\mathcal{R}(q)$，后者则根据用户 u 对各个实体的兴趣度得分对 $\mathcal{R}(q)$ 中的候选实体进行排序。上述两阶段框架被广泛应用于各种采用排序学习框架的搜索应用研究工作中，例如查询建议[93] 和查询改写[94]。在我们的任务中，该框架能够让我们对各个部分分别进行优化：既可以选择不同的方法优化相关实体发现的效果，又可以在相关实体排序模块中灵活选择不同的学习目标进行优化。图 2-2 显示了我们所提出的基于排序学习的实体推荐算法的框架。从图 2-2 中可以看出，通过将召回与排序分离成两个阶段，不仅能够灵活地对各阶段的目标进行优

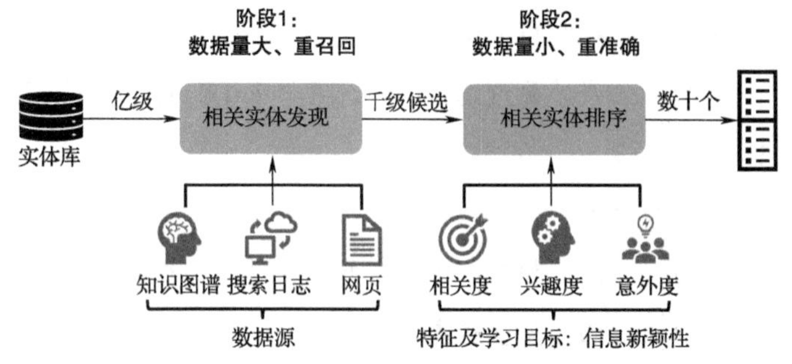

图 2-2 基于排序学习的实体推荐算法的框架

化，还能够基于多种数据源融合的方法召回与查询相关的实体集合，从而提升排序效率。下面对该框架中的这两部分分别进行详细介绍。

2.3.1 相关实体发现

在本研究中，我们采用以下三种方法获得给定实体指称类查询 q 的相关实体。为此，我们需要将查询 q 链接到知识库中的对应实体 e_q 上。这里我们使用了联合的实体链接方法[95]，利用搜索会话中的上下文信息对所有查询中的实体指称进行实体链接。

1）我们采用 Yu 等人[5] 与 Bi 等人[19] 所提出的方法，基于知识图谱抽取出与 q 有关的实体。知识图谱是一种存储实体及其关系的集中式知识库。知识图谱中构建的实体关系都是已知的事实。因此，在知识图谱中与 e_q 间存在关联关系的其他实体，都可以被直接抽取出来作为 q 的相关实体集合。为方便阐述，我们将该实体集合记为 $\mathcal{K}(e_q)$。在实验中，我们通过如下公式计算查询 q 与候选实体 $e \in \mathcal{K}(e_q)$ 间的相关性得分：

$$P_k(e \mid q) \approx P_k(e \mid e_q) = \begin{cases} 1 & \text{如果 } e \text{ 与 } e_q \text{ 在知识图谱中存在关联关系} \\ 0 & \text{除上述情况以外} \end{cases} \tag{2-2}$$

2）由于知识图谱中的实体及其关系信息往往不太完备，

我们基于搜索会话共现来补充完善 q 的相关实体集合。具体地，我们将与 e_q 在同一搜索会话中多次共现且共现次数最高的前 N_s 个实体抽取出来，作为 q 的候选相关实体集合，并将其记为 $\mathcal{S}(e_q)$。采用该方法的主要原因在于，使用搜索引擎的一部分用户会在同一个搜索会话中多次搜索不同的查询[31]，用户的这些搜索行为所积累起来的搜索日志是一种有效的挖掘实体及其关系的数据来源，因为这些信息能够帮助我们发现一些与 q 间存在潜在关联关系的实体。给定查询 q 与候选实体 $e \in \mathcal{S}(e_q)$，我们采用点互信息（Pointwise Mutual Information，PMI）来估算二者之间的相关性：

$$P_s(e \mid q) \approx P_s(e \mid e_q) = \frac{\mathrm{PMI}(e, e_q)}{\sum_{e' \in \mathcal{S}(e_q)} \mathrm{PMI}(e', e_q)} \tag{2-3}$$

上述公式中的 $\mathrm{PMI}(e, e_q)$ 定义如下：

$$\mathrm{PMI}(e, e_q) = \lg \frac{\mathrm{cnt}(e, e_q)}{\mathrm{cnt}(e) \cdot \mathrm{cnt}(e_q)} \tag{2-4}$$

在上述公式中，$\mathrm{cnt}(e, e_q)$ 为 e 与 e_q 共同出现过的搜索会话个数，而 $\mathrm{cnt}(e)$ 为含有 e 的搜索会话个数。

3）基于搜索会话共现信息补充 q 的相关实体，这种方法虽然有效却严重依赖于搜索日志数据对实体的覆盖率。也就是说，该方法只能局限于使用现有搜索会话日志中出现过的实体共现信息，帮助发现与 q 相关的其他实体。由于新出现的实体往往缺乏共现信息，我们很难通过该方法为新实体找到与之相关的实体。为解决这一问题，我们进一步采用 Bron 等人[96] 所提出的方法，基于网页中与 e_q 共现过的实体来寻找与其可能存在关联关系的实体。具体地，我们先从给定网页中抽取出与 e_q 共现过的所有实体，并记为 $\mathcal{D}_r(e_q)$。然后我们基于 $\mathcal{D}_r(e_q)$ 中各个候选实体与 e_q 间的相关性对其进行排序。最后，我们将排序结果中的前 N_d 个实体抽取出来，作为 q 的候选相关实体集合，并将其记为 $\mathcal{D}(e_q)$。给定查询 q 与候选实体 $e \in \mathcal{D}_r(e_q)$，我们采用如下方法估算二者之间的相关性。为方便阐述，我们 q 将 e 与间的上述相关性得分记为 $P_w(e \mid q)$，其计算方法如下：

$$
\begin{aligned}
P_w(e \mid q) &\approx P(e \mid e_q, T, R) \\
&\approx P(e \mid e_q) \cdot P(R \mid e_q, e) \cdot P(T \mid e)
\end{aligned}
\tag{2-5}
$$

在上述公式中，T 为 e_q 的实体类别集合，R 为给定文本中描述实体的句子。$P(e \mid e_q)$ 为上下文无关的共现模型，并采用与式（2-3）同样的方式进行计算。而 $P(R \mid e_q,\ e)$ 则为上下文相关的共现模型，并采用如下方法进行估算：

$$
P(R \mid e_q, e) = P(R \mid \theta_{qe}) = \prod_{t \in R} P(t \mid \theta_{qe})^{n(t,R)} \tag{2-6}
$$

上述公式中的 t 为 R 中的词语，$n(t,R)$ 为 t 在 R 中出现的次数，θ_{qe} 为用于表示一对实体间关系的共现语言模型。$P(T \mid e)$ 则用于按类别对实体进行过滤，其估算方法如下：

$$
P(T \mid e) = \begin{cases} 1 & \text{如果 } \mathrm{cat}'(T) \cap \mathrm{cat}(e) \neq \varnothing \\ 0 & \text{除上述情况以外} \end{cases} \tag{2-7}
$$

在上述公式中，$\mathrm{cat}(e)$ 是一个类别映射函数，用于获取实体 e 的实体类别集合，而 $\mathrm{cat}'(T)$ 则为对 T 进行类别扩展后的实体类别集合。

最后，我们将通过上述三种方法得到的相关实体进行合并，即可获得与 q 相关的实体集合 $\mathcal{R}(q)$：

$$\mathcal{R}(q) \approx \mathcal{K}(e_q) \cup \mathcal{S}(e_q) \cup \mathcal{D}(e_q) \tag{2-8}$$

2. 3. 2 相关实体排序

我们首先介绍学习排序模型所需训练数据的生成方法，然后详细介绍排序模型中的各个特征函数，最后介绍该排序模型的学习方法。

1. 训练数据生成

学习排序模型，训练数据至关重要，尤其是能够反映用户及其查询与实体间关系的大规模、高质量训练数据。虽然采用人工标注训练样本是一种直接的方法，但该方法的成本高昂且标注出来的训练样本往往规模较小。此外，如果人工标注的标签不进行持续更新，样本就会一直保持不变。人工标注方法的上述缺点导致其很难满足大规模且不断变化的真实搜索应用场景对实体推荐系统的规模以及快速更新能力等方面的要求。为解决这一问题，我们提出利用搜索引擎的点击数据为该任务自动生成大规模训练数据。在各种搜索引擎研究工作中，点击数据已得到广泛应用。例如，Gao 等人[97]提出使用点击数据学习短语翻译概率，用于提升检索效果。He 等人[94]提出使用点击数据为查询改写任务自动生成训练样本及学习目标。Ma 等人[98]提出使用点击数据学习语义关系，用于提升查询建议的效果。Huang 等人[63]则提出使用点击数据自动学习出单语平行语料，用于训练推荐理由压缩模型。

在本研究中，我们使用用户的点击行为这一信号，建模该用户在搜索某个查询时是否对当前推荐的实体感兴趣，其主要原因在于点击行为是一种能够表征兴趣度的重要观测信号，该观察在信息检索研究中已被普遍接受[99,100]。从直觉上判断，如果一个用户在搜索某个查询时点击了某个推荐实体，可以合理地假设该用户对当前所点击的实体感兴趣，从而点击该实体以更进一步了解更多相关信息。因此，从大规模搜索日志中获得的聚合点击信息能够用于建模用户对实体的兴趣度。也就是说，与没有吸引任何点击的实体相比，在用户输入当前查询时，那些吸引用户点击了一次或多次的实体更能激起用户的兴趣。Gao 等人[91]做出了类似的假设并提出使用两个文档间的点击转移信息作为建模兴趣度的信号，并在文档兴趣度建模任务上取得了显著的实验结果。具体地，我们使用如下方法从“查询-实体”点击数据中生成训练排序模型所需的学习目标。

$$y_{ijk}=\begin{cases}1 & \text{如果 click}(u_i,q_j,e_k)>0\\0 & \text{除上述情况以外}\end{cases} \tag{2-9}$$

在上述公式中，click（u_i，q_j，e_k）为用户 u_i 在搜索查询 q_j 时对推荐实体 e_k 发出的总点击次数。y_{ijk} 表示的是三元组〈u_i，q_j，e_k〉的兴趣度等级标签。使用上述方法可以为三元组〈u_i，q_j，e_k〉生成 pointwise（单文档）排序学习方法需要的学习目标 y_{ijk}。此外，如果我们选用了 pairwise（文档对）排序学习方法，仍然能从上述数据中生成符合该方法要求的学习目标。例如，我们可以采用 Dou 等人[101] 提出的方法，将获得更多聚合点击的推荐实体与获得更少聚合点击的推荐实体构成对，生成成对的训练样本。

2. 特征函数

在排序学习模型中，我们为每个三元组〈u，q，e〉构建了与信息新颖性三要素紧密相关的三组特征函数。其中，相关度特征用于确保两个给定实体 e_q 与 e 间的相关性；兴趣度特征用于估算用户 u 在搜索查询 q 时，对候选实体 e 的兴趣度；而意外度特征则用于建模 e 能否帮助用户 u 发现查询 q 与 e 间的某些未曾被 u 所发现且对其而言属于意料之外的关联关系。表 2-2 给出了上述三组特征的定义及解释，下面我们对这些特征逐一进行介绍。

（1）相关度特征 首先介绍相关度特征，我们使用以下

4 个特征函数衡量 q 与 e 间的相关度。

表 2-2 中的特征 f_1 为两个实体在知识图谱中的相关性，该特征由 e_q 与 e 在知识图谱中是否存在关系确定，其计算方法见式（2-2）。在实验中，实体间的关系从百度内部使用的知识图谱中抽取出来。

表 2-2 中的特征 f_2 为两个实体在搜索会话中的相关性，该特征反映了 e_q 与 e 在搜索会话中的互信息，其计算方法见式（2-3）。在实验中，我们使用了百度搜索引擎 1 个月的搜索会话日志来对该特征进行计算。

表 2-2　实体排序使用的特征

特征组	编号	特征
相关度特征	f_1	$P_k(e \mid q)$，二者在知识图谱中的相关性，计算方法见式（2-2）
	f_2	$P_s(e \mid q)$，二者在搜索会话中的相关性，计算方法见式（2-3）
	f_3	$P_w(e \mid q)$，二者在网页文档中的相关性，计算方法见式（2-5）
	f_4	$\mathrm{sim}_c(q,e)$ 二者内容相似度，计算方法见式（2-10）
兴趣度特征	f_5	$\mathrm{CTR}(u,q,e)$，由 $\langle u,q,e\rangle$ 确定的实体兴趣度，计算方法见式（2-11）
	f_6	$\mathrm{CTR}(q,e)$，由（q,e）确定的实体兴趣度，计算方法见式（2-12）
	f_7	$\mathrm{CTR}(e)$，只由 e 确定的实体兴趣度，计算方法见式（2-13）
	f_8	$\mathrm{CTR}_t(u,q,e)$，由 $\langle u,q,e\rangle$ 确定的主题兴趣度，计算方法见式（2-14）
	f_9	$\mathrm{CTR}_t(q,e)$，由（q,e）确定的主题兴趣度，计算方法见式（2-15）
	f_{10}	$\mathrm{CTR}_t(e)$，只由 e 确定的主题兴趣度，计算方法见式（2-16）
	f_{11}	$\mathrm{sim}_s(q,e)$，二者语义相似度，计算方法见式（2-18）

（续）

特征组	编号	特征
意外度特征	f_{12}	$R_a(u,q,e)$，由 $\langle u,q,e\rangle$ 确定的实体关系察觉度，计算方法见式（2-20）
	f_{13}	$\mathrm{dis}(e,\mathcal{E}(u,q))$，由 $\langle u,q,e\rangle$ 确定的相异度，计算方法见式（2-23）
	f_{14}	$\mathrm{dis}_a(e,\mathcal{E}(u,q))$，由 $\langle u,q,e\rangle$ 确定的平均相异度，计算方法见式（2-24）
	f_{15}	$R_a(q,e)$，由(q,e) 确定的实体关系察觉度，计算方法见式（2-22）
	f_{16}	$\mathrm{dis}(e,\mathcal{E}_w(q))$，由$(q,e)$ 确定的相异度，计算方法见式（2-26）
	f_{17}	$\mathrm{dis}_a(e,\mathcal{E}_w(q))$，由$(q,e)$ 确定的平均相异度，计算方法见式（2-27）
	f_{18}	$\mathrm{div}(q)$,q 的需求多样性，计算方法见式(2-29)

表2-2中的特征f_3为两个实体在网页文档中的相关性，该特征由e_q与e在网页文档中的共现信息所确定，其计算方法见式（2-5）。我们采用Bron等人[96]工作中将百科作为数据源的方法，以全球最大中文百科全书百度百科⊖作为数据源，从中计算出实体间的共现结果。在实验中，与1 400多万实体所对应的百科文章均被用于计算该特征。

表2-2中的特征f_4为实体内容相似度。为了进一步提升相关性，我们计算出两个实体对应的百科文章间的内容相似度，将其用于衡量二者之间的相似度。在实验中，我们使用潜在狄利克雷分布（Latent Dirichlet Allocation，LDA）[102]对

⊖ https://baike.baidu.com/。

文档进行建模。采用 LDA 的原因在于它是一种无监督学习算法，只需对文档集合进行计算，即可获得各文档的主题概率分布结果。首先，我们在 1 400 多万百科文章上训练出一个拥有 1 000 个主题的 LDA 模型。然后我们使用训练得到的 LDA 模型获得文档 d 所对应的主题向量表示 $\boldsymbol{v}_d$。最后，我们按照如下公式，计算出实体 e_q 与 e 所分别对应的百科文章 d_q 与 d_e 的主题向量之间的相似度，即可获得这两个实体间的相似度：

$$\mathrm{sim}_c(q,e) \approx \mathrm{sim}_c(e_q,e) = \cos(\boldsymbol{v}_{d_q},\boldsymbol{v}_{d_e}) = \frac{(\boldsymbol{v}d_q)^{\mathrm{T}}\boldsymbol{v}_{d_e}}{\|\boldsymbol{v}_{d_q}\|\,\|\boldsymbol{v}_{d_e}\|} \tag{2-10}$$

（2）兴趣度特征 接下来介绍兴趣度特征，我们使用以下 7 个特征函数从不同维度对兴趣度进行建模。

表 2-2 中的 f_5、f_6 以及 f_7 这 3 个特征反映的是不同粒度的实体兴趣度。Bi 等人[19] 的研究结果表明，实体点击率（CTR）特征对于提升实体推荐模型的效果具有显著贡献。基于该结论，我们采用了 3 种不同粒度的 CTR 特征对候选实体 e 的兴趣度进行建模，其计算方法如下：

$$\mathrm{CTR}(u,q,e) = \frac{\mathrm{click}(u,q,e)+\alpha}{\mathrm{impression}(u,q,e)+\alpha+\beta} \tag{2-11}$$

$$\mathrm{CTR}(q,e) = \frac{\mathrm{click}(q,e)+\alpha}{\mathrm{impression}(q,e)+\alpha+\beta} \tag{2-12}$$

$$\mathrm{CTR}(e)=\frac{\mathrm{click}(e)+\alpha}{\mathrm{impression}(e)+\alpha+\beta} \tag{2-13}$$

在上述公式中，click(·) 与 impression(·) 分别为推荐实体 e 在不同条件下的总点击次数与总展现次数。以 click(u, q, e) 为例，其表示的是用户 u 在搜索查询 q 时，在推荐实体 e 上的总点击次数。为了在 impression(·) 很小的情况下，获得更稳定且方差小的平滑 CTR，我们采用 Wang 等人[103]提出的方法，在上述公式中引入了用于平滑的因子 α 与 β。在实验中，我们将二者分别设置为：$\alpha=0$，$\beta=100$。

表 2-2 中的 f_8、f_9 以及 f_{10} 这 3 个特征反映的是不同粒度的主题兴趣度。在实体点击日志充足的情况下，实体兴趣度特征能够有效建模兴趣度，但该方法局限于从现有日志所记录的实体点击信息中对实体兴趣度进行计算。然而，现有日志中缺乏未被点击或新出现实体的点击信息。因此，我们无法通过该方法计算这两类实体的兴趣度。为解决这一问题，我们提出使用实体的类别信息来建模主题兴趣度。从直觉上判断，如果一个用户在搜索类别为 T_q 的查询 q 时，频繁地点击类别为 T_e 的推荐实体 e，可以合理地假设该用户在搜索类别为 T_q 的查询时，对类别为 T_e 的实体所产生的兴趣高于对其他类别实体所产生的兴趣。例如，经过对实体点击日志进行分析后，我们发现当用户搜索一个电影明星时，其兴趣主要集中在名人、电影、歌曲等类别的实体上，而很少对诸如物理、生物、化学等类别的实体产生兴趣。该发现表明实体

的类别信息有助于揭示及建模实体的主题兴趣度。也就是说，我们可以借助已有的实体点击数据，通过实体的类别对用户兴趣度进行泛化，从而更好地对未被点击或新出现实体的兴趣度进行估算。与实体兴趣度特征类似，我们也采用了3种不同粒度的主题兴趣度特征，其计算方法如下：

$$\mathrm{CTR}_t(u,q,e)=\frac{\sum_{T_q\in \mathrm{cat}(e_q)}\sum_{T_e\in \mathrm{cat}(e)}\mathrm{click}_t(u,T_q,T_e)+\alpha}{\sum_{T_q\in \mathrm{cat}(e_q)}\sum_{T_e\in \mathrm{cat}(e)}\mathrm{impression}_t(u,T_q,T_e)+\alpha+\beta} \tag{2-14}$$

$$\mathrm{CTR}_t(q,e)=\frac{\sum_{T_q\in \mathrm{cat}(e_q)}\sum_{T_e\in \mathrm{cat}(e)}\mathrm{click}_t(T_q,T_e)+\alpha}{\sum_{T_q\in \mathrm{cat}(e_q)}\sum_{T_e\in \mathrm{cat}(e)}\mathrm{impression}_t(T_q,T_e)+\alpha+\beta} \tag{2-15}$$

$$\mathrm{CTR}_t(e)=\frac{\sum_{T_e\in \mathrm{cat}(e)}\mathrm{click}_t(T_e)+\alpha}{\sum_{T_e\in \mathrm{cat}(e)}\mathrm{impression}_t(T_e)+\alpha+\beta} \tag{2-16}$$

在上述公式中，$\mathrm{cat}(e)$ 是一个类别映射函数，用于获取实体 e 的实体类别集合。公式中引入的 α 与 β，同样是为了获得经过平滑的 CTR。在实验中，我们将二者分别设置为：$\alpha=0$，$\beta=100$。在实体类别上，我们使用了百度百科中根据频次排序后的前2 000 个类别。$\mathrm{click}_t(\cdot)$ 与 $\mathrm{impression}_t(\cdot)$ 分别为给定实体集合在不同条件下的总点击次数与总展现次数。以 $\mathrm{click}_t(u,T_q,T_e)$ 为例，其计算方法如下：

$$\text{click}_t(u, T_q, T_e) = \sum_{e_{\hat{q}} \in E(T_q)} \sum_{\hat{e} \in E(T_e)} \text{click}(u, e_{\hat{q}}, \hat{e}) \qquad (2\text{-}17)$$

上述公式中的 $E(T_e)$ 用于输出类别为 T_e 的实体集合。

表 2-2 中的特征 f_{11} 为语义相似度。Gao 等人[91] 的研究结果表明，语义对于兴趣度建模至关重要。为了更好地捕获并衡量两个实体间存在的能激起用户兴趣的潜在关系，我们计算出两个实体所对应的描述文本间的语义相似度，将其作为衡量二者之间兴趣度的一个特征。Huang 等人[24] 提出了一种基于卷积神经网络的 pairwise 排序学习模型，实现了自动学习句子的语义表示，并取得了显著的效果提升。在实验中，我们也采用 pairwise 排序学习模型，并使用相同的神经网络结构将给定句子映射成潜在语义空间中的向量表示。该神经网络的结构及训练方法与文献［24］相同，这里重点介绍训练该网络所需的训练样本的获取方法。

在实验中，我们借助实体点击信息构造出上述 pairwise 排序学习模型所需的训练数据。为方便阐述，我们假设 $\text{click}(q, e_i) > \text{click}(q, e_j)$，表示用户在搜索 q 时，对 e_i 发起的总点击次数多于 e_j。根据之前的描述，这也表明用户在搜索 q 时，对实体 e_i 更感兴趣。给定一个用于返回与实体 e 所对应的描述句子 s 的函数 $S(e)$，我们可以获得与实体 e_q、e_i 以及 e_j 对应的描述句子。为方便阐述，我们分别将其记为 $s_q = S(e_q)$、$s_i = S(e_i)$ 以及 $S_j = S(e_j)$。与利用总点击次数对实体兴趣度进行比较的思想类似，这里我们可以合理地假设用户对句子对

(s_q, s_i) 所产生的兴趣高于对 (s_q, s_j) 所产生的兴趣，即 interest(s_q, s_i)>interest(s_q, s_j)。基于上述方法，我们可以构造出由句子三元组所组成的训练集合 $\mathcal{P}=\{\langle s_q, s_i, s_j\rangle\}$。

基于上述数据 $\mathcal{P}$ 所训练出的神经网络模型，即可将给定句子 s 转化为与其 对应的向量表示 $\boldsymbol{v}(s)$。对于给定的两个实体 e_q 与 e，通过其所对应的描述文本 $s_q=S(e_q)$ 与 $s_c=S(e)$ 间的语义相似度，即可估算出二者之间的兴趣度得分：

$$\begin{aligned}\text{sim}_s(q,e) \approx \text{sim}_s(e_q,e) &= \cos(\boldsymbol{v}(s_q), \boldsymbol{v}(s_c)) \\ &= \frac{\boldsymbol{v}(s_q)^{\mathrm{T}}\boldsymbol{v}(s_c)}{\|\boldsymbol{v}(s_q)\|\|\boldsymbol{v}(s_c)\|}\end{aligned} \tag{2-18}$$

在实验中，我们使用了百度搜索引擎一个月的实体点击日志来计算上述兴趣度特征。

(3) 意外度特征 最后介绍意外度特征，我们使用以下7个特征函数从不同维度对意外度进行建模。

表 2-2 中的 f_{12} 与 f_{15} 这两个特征反映的是不同粒度的实体关系察觉度。在用户 u 搜索 q 时，如果该用户之前已经了解实体 e，那么将 e 反复推荐给该用户，对 u 而言很难产生意外感。这种情况说明实体间未被用户发现的关系可能有更多的机会帮助该用户获得能够激起其兴趣的意外发现，因为这些关系可以为该用户带来关于某领域的全新知识。为了更好地建模意外度，判断两个实体间的关系是否已经被用户觉察或发现至关重要。为此，我们提出使用用户的历史点击数据来建模该用户对不同实体关系的察觉度。在实验中，我们使

用了网页点击日志与实体点击日志这两种日志来构建用户历史点击数据。给定一个查询 q，我们首先从网页点击日志中抽取出被用户 u 点击过的网页的标题中的所有实体（记为 $\mathcal{E}_{ct}(u,q)$），并从实体点击日志中抽取出所有被 u 点击过的实体（记为 $\mathcal{E}_{ce}(u,q)$）。然后将二者进行合并，即可获得所有与 q 存在关联关系，且该关系已被 u 所觉察的实体集合：

$$\mathcal{E}(u,q) = \mathcal{E}_{ct}(u,q) \cup \mathcal{E}_{ce}(u,q) \tag{2-19}$$

获得上述实体集合后，给定一个查询 q 及其相关实体 e，我们可以按照如下公式衡量用户 u 对二者关系的察觉度：

$$R_a(u,q,e) = \begin{cases} 1 & \text{如果 } e \in \mathcal{E}(u,q) \\ 0 & \text{除上述情况以外} \end{cases} \tag{2-20}$$

从直觉上判断，如果 q 与 e 的关系已经被很多用户所熟知，在用户搜索 q 时，e 可能很难帮助该用户获得意料之外的发现。例如，当某个用户搜索“贝拉克·奥巴马”时，我们推荐“米歇尔·奥巴马”这一实体给她，则很难使她获得意料之外的发现。主要原因在于，这两个人物间的关系已经家喻户晓，该用户可能对这一关系已经非常熟悉。因此很难为其带来有关该人物的新知识。为了更好地建模意外度，我们进一步将搜索 q 时对 e 发起过点击的总用户数（记为 $\text{click}_u(q,e)$）作为考察二者关系察觉度的一个特征。点击过的总用户数越多，说明该关系被越多的用户所发现过。因此，对搜索 q 的用户而言，e 所提供的意外度也可能有限。

$$\mathcal{E}_w(q)=\{e\in\mathcal{R}(q):\mathrm{click}_u(q,e)\geqslant N_u\}\tag{2-21}$$

上述公式中的 N_u 为熟知程度阈值，用于估计 q 与 e 间关系是否已经被大部分用户所熟知㊀。

获得上述实体集合后，给定 q 与 e，我们可以按照如下公式衡量二者关系的察觉度：

$$R_a(q,\ e)=\begin{cases}1 & \text{如果 } e\in\mathcal{E}_w(q)\\ 0 & \text{除上述情况以外}\end{cases}\tag{2-22}$$

表 2-2 中的 f_{13}、f_{14}、f_{16} 以及 f_{17} 这 4 个特征反映的是不同粒度的实体相异度。Iaquinta 等人[81] 及 Adamopoulos 等人[88] 的研究结果表明，通过推荐与用户已熟知的物品在语义上存在较大差异的物品，或者超越用户预期的物品，都能够提升用户对所推荐物品的意外度。受上述发现的启发，为更好地建模意外度，我们在所提出的实体推荐算法中也引入了两种相异度特征。

第一种是实体相异度，由推荐实体 e 到 $\mathcal{E}(u,q)$ 的距离所衡量，其中 $\mathcal{E}(u,q)$ 是所有与查询 q 存在关联关系，且该关系已被用户 u 所觉察的实体集合。该距离的计算方法如下：

㊀ N_u 可以设置成与查询无关的固定数值或者与查询有关的动态数值。在实验中，使用后者得到了更好的结果。具体地，N_u 的设置方法如下：$N_u=\frac{1}{2}\left(\min\limits_{e\in\mathcal{R}(q)}\mathrm{click}_u(q,e)+\max\limits_{e\in\mathcal{R}(q)}\mathrm{click}_u(q,e)\right)$。

$$\mathrm{dis}(e,\mathcal{E}(u,q)) = \min_{e_k \in \mathcal{E}(u,q)} d(e,e_k) \tag{2-23}$$

在上述公式中，$d(\cdot)$ 用于计算两个实体之间的距离。在实验中，我们首先采用式（2-10）给出的方法计算二者之间的内容相似度，然后基于该相似度得到二者距离，即：$d(e,e_k)=1-\mathrm{sim}(e,e_k)$。从公式定义可知，$\mathrm{dis}(e,\mathcal{E}(u,q))$越大，用户 u 在搜索 q 时，越有可能通过 e 获得意料之外的发现。

第二种是实体平均相异度。虽然距离越远，越有可能为用户带来意料之外的发现，但与查询完全相异的实体，可能会被用户认为与其输入的查询不相关，从而很难激起该用户的兴趣。因此，通过兴趣度对实体间相异的程度进行优化就显得至关重要。为解决这一问题，我们将用户对 $\mathcal{E}(u,q)$ 的兴趣度分布纳入考虑，并基于该结果计算出经加权后的平均相异度，即：

$$\mathrm{dis}_a(e,\mathcal{E}(u,q)) = \sum_{e_j \in \mathcal{E}(u,q)} \mathrm{C\bar{T}R}(u,q,e_j)d(e_j,e) \tag{2-24}$$

上述公式中的 $\mathrm{C\bar{T}R}(u,q,e_j)$ 是 $\mathrm{CTR}(u,q,e_j)$ 的归一化结果，且满足如下约束条件：

$$\sum_{e_j \in \mathcal{R}(q)} \mathrm{C\bar{T}R}(u,q,e_j) = 1 \tag{2-25}$$

采用上述方法，我们同样可以计算出 e 与 $\mathcal{E}_w(q)$ 间的相异度及加权平均相异度。其中 $\mathcal{E}_w(q)$ 是与 q 存在关联关系，且该关系已经被大部分用户所熟知的实体集合。这两个特征的计算方法如下：

$$\mathrm{dis}(e,\mathcal{E}_w(q)) = \min_{e_k \in \mathcal{E}_w(q)} d(e,e_k) \tag{2-26}$$

$$\mathrm{dis}_a(e,\mathcal{E}_w(q)) = \sum_{e_j \in \mathcal{E}_w(q)} \overline{\mathrm{CTR}}(q,e_j) d(e_j,e) \tag{2-27}$$

上述公式中的 $\overline{\mathrm{CTR}}(q,e_j)$ 是 $\mathrm{CTR}(q,e_j)$ 的归一化结果，且满足如下约束条件：

$$\sum_{e_j \in \mathcal{R}(q)} \overline{\mathrm{CTR}}(q,e_j) = 1 \tag{2-28}$$

表 2-2 中的特征 f_{18} 反映的是查询的需求多样性。虽然上述相异度特征可以帮助提升 q 的推荐结果中的实体的多样性，但如果 q 背后的用户需求并不具有多样性，引入这些特征反而可能会降低推荐系统的效果。为解决这一问题，我们采用点击熵（click entropy）建模查询 q 的需求多样性。Zhang 等人[86] 也采用了类似的思想，在音乐推荐系统中引入多样性，以帮助消除用户对同类推荐的厌腻感。具体地，我们对实体推荐中查询的需求多样性定义如下：

$$\mathrm{div}(q) = \mathrm{ClickEntropy}(q) = \sum_{e_i \in \mathcal{C}(q)} -P(e_i \mid q)\log_2 P(e_i \mid q) \tag{2-29}$$

在上述公式中，$\mathrm{ClickEntropy}(q)$ 是查询 q 的点击熵，即用户搜索 q 时，实体点击分布的信息熵。$\mathcal{C}(q)$ 是用户搜索 q 时，所点击的实体集合。$P(e_i \mid q)$ 是实体 e_i 在所有被点击实体中的点击占比，其计算公式如下：

$$P(e_i \mid q) = \frac{\text{click}(q, e_i)}{\sum_{e_j \in C(q)} \text{click}(q, e_j)} \tag{2-30}$$

上述公式中的 $\text{click}(q, e_i)$ 是用户搜索 q 时，点击 e_i 的总次数。

点击熵是查询点击差异性（click variation）的直接体现[104]。我们首先考虑如下这种极端情况：如果所有用户在搜索 q 时，都只点击了某个相同的实体，则 $\text{ClickEntropy}(q) = 0$。这表明点击熵越小，大部分用户的实体点击就会越集中在小部分实体上。在这种情况下，当用户搜索 q 时，我们应该为其提供更多同类的推荐，而非更多样的推荐。另一方面，点击熵越大，说明在搜索某一查询时，用户点击的实体会越多，分布也更分散。有两种典型情况会导致点击熵偏大：①某个用户在搜索一个查询时，为了满足自己的多种信息需求，点击了多个实体；②多个用户在搜索该查询时，为了探索更多不同类的推荐，点击了多个不同的实体。在上述情况下，当用户搜索 q 时，我们应该为其提供更富多样性的推荐。

3. 模型训练

在实验中，我们基于上述特征函数，采用梯度提升决策树（Gradient Boosted Decision Tree，GBDT）[105,106] 训练排序学习模型。选择 GBDT 的主要原因在于该算法提供了变量的相对影响，能够帮助我们深入分析每个特征的影响。一个特征的相对影响越高，则该特征在模型构建阶段所起的作用也越大，在预测过程中也更重要。实验中 GBDT 模型的超参数在单独的验证集上进行调优后确定。具体地，我们采用网格搜索（grid search）的方法，从给定的参数范围内确定排序模型的最优超参数。其中，树棵数（number of trees）的范围为{500,1 000,…,4 000}，学习率（learning rate）的范围为{0.001,0.005,…,0.5}，树深度（tree depth）的范围为{3,4,5,6}。GBDT 模型的最优参数由给定的验证集确定，即选择在验证集上取得最好效果的模型的参数设置。在实验中，各参数的设置如下：树棵数为 2 500，树深度为 5，学习率为 0.2。为了防止模型过拟合，我们将采样率（sampling rate）设置为 0.5。

排序模型通过在训练集上对目标函数进行最小化求解后学习得到。具体地，给定一个由三元组及其对应兴趣度标签所构成的训练集 $\mathcal{H}=\{(\langle u_i,q_j,e_k\rangle,y_{ijk})\}$，我们的目标是从 $\mathcal{H}$ 中学习出一个打分函数 $f(\cdot)$，用于准确地对给定三元组 $\langle u_i,q_j,e_k\rangle$ 的兴趣度得分 $f(u_i,q_j,e_k)$ 进行估计。打分函数 $f(\cdot)$ 通过最小化求解如下目标函数后获得：

$$\hat{f}=\arg\min \mathrm{Loss}(\mathcal{H}) \tag{2-31}$$

上述公式中的损失函数 $\mathrm{Loss}(\mathcal{H})$ 为交叉熵（cross entropy）损失，其定义为

$$\begin{aligned}\text{Loss}(\mathcal{H}) &= -\lg \prod_{(\langle u_i,q_j,e_k\rangle,y_{ijk})\in\mathcal{H}} f(u_i,q_j,e_k)^{y_{ijk}} \\ &\quad (1-f(u_i,q_j,e_k))^{(1-y_{ijk})} \\ &= -\sum_{(\langle u_i,q_j,e_k\rangle,y_{ijk})\in\mathcal{H}} y_{ijk}\lg f(u_i,q_j,e_k) + \\ &\quad (1-y_{ijk})\lg(1-f(u_i,q_j,e_k)) \end{aligned} \tag{2-32}$$

2.4 实验设置

本节主要介绍我们在实验中使用的数据、基线方法以及评价指标。

2.4.1 实验数据

我们使用百度搜索引擎的搜索日志与点击数据抽取出训练及评价排序模型所需的数据。首先，我们使用一个月的日志计算出在 2.3.2 节 2. 中所定义的各个特征。然后，为了防止过拟合，我们采用 2.3.2 节 1. 中所描述的方法，基于下一个月的日志生成 pointwise 排序学习方法需要的学习目标。通过这种方式，即可获得用户历史行为数据 $\mathcal{H}_{all}$。由于搜索量太过庞大，如果使用全部历史数据进行训练，模型训练会相当耗时。为此，我们随机从 $\mathcal{H}_{all}$ 中抽样出一小部分[⊖]数据用

⊖ 出于公司保密政策要求，我们无法提供具体的抽样比例。

作训练集 $\mathcal{H}$。$\mathcal{H}$ 包含 106 712 857 个 $(\langle u_i, q_j, e_k \rangle, y_{ijk})$ 样本，其中正样本 35 413 304 个，负样本 71 299 553 个[⊖]。采用上述方法，我们从接下来的 1 天及 6 天的日志中各随机抽样出一小部分数据，并从中分别构建出验证集 $\mathcal{H}_v$ 及测试集 $\mathcal{H}_t$。$\mathcal{H}_v$ 用于对排序模型的参数进行调优，$\mathcal{H}_t$ 则用于对排序模型的效果进行离线评价。$\mathcal{H}_v$ 与 $\mathcal{H}_t$ 分别包含 8 311 168 个与 48 117 012 个 $(\langle u_i, q_j, e_k \rangle, y_{ijk})$ 样本。

我们也通过在线对照实验的方式对不同的排序模型进行了在线效果评价。为此，我们从百度搜索引擎的查询日志中随机抽样了 100 000 个查询。经过实体链接后，我们获得了一个用于在线评价实验的测试集（记为 $\mathcal{T}$），其中包含 33 836 个实体类查询。然后，我们使用 2.3.1 节中所描述的方法，为 $\mathcal{T}$ 中的每个实体抽取出与其相关的实体集合。在实验中，N_s 与 N_d 均设置为 1 000。我们进行了连续 4 天的在线对照实验，命中该实验的用户共计 5 283 120 个。

2.4.2 基线方法

我们选择了以下 5 个基线方法与我们所提出的方法进行

⊖ 由于历史数据中样本标签的分布非常不平衡，即 $\mathcal{H}_{all}$ 中的负样本的数量要远大于正样本的数量，我们基于负样本数不能多于正样本数 3 倍这一约束条件进行了随机抽样。正负样本的定义如下：如果一个三元组 $\langle u_i, q_j, e_k \rangle$ 的兴趣度标签 y_{ijk} 为 1，则其为正样本；除上述情况外，则其为一个负样本。

对比评价。其中前 4 个基线方法与 Bi 等人在实验中所选择的基线方法相同，第 5 个基线方法为 Bi 等人所提出的方法[19]。

（1）**Random** 该基线方法采用随机的方式对给定查询的相关实体集合进行排序，因此是一种朴素算法。

（2）**Co-click** Bi 等人[19] 的实验结果表明，对实体推荐而言，共同点击信号是一种稳健且有效的基线方法。其基本思想在于，如果两个实体被用户频繁地共同点击，那么当用户搜索其中一个实体时，我们可以顺理成章地将另外一个实体推荐给该用户。具体地，该方法基于候选实体在实体点击日志中与给定查询的共现次数对这些实体进行排序。

（3）**CTR-model** 与文献［19］中采用的方法一致，该基线方法只使用f_5、f_6 以及f_7 这 3 个 CTR 特征（详见表 2-2）构建排序模型。

（4）**Production** 该基线为百度搜索引擎当前所采用的实体推荐方法，代表了当前最好的实体推荐效果。

（5）**TEM** 该基线方法为 Bi 等人[19] 所提出的个性化实体推荐方法。但该方法依赖于从知识图谱中获取一系列领域有关的实体属性及实体关系特征，因此需要先明确领域，才能为受限领域的查询给出实体推荐结果。与该工作相比，我们侧重于领域无关的实体推荐方法，即致力于构建能够为任何类别的查询进行实体推荐的方法。因此，领域无关的特征对于构建我们所提出的实体推荐模型而言至关重要，这就导致很难直接与 Bi 等人[19] 所提出的方法进行比较。为了能够与之相比，在实验中，我们移除了该方法中所使用的领域有关的特征，并选择了与其所使用的特征尽量等同的领域无关的 5 个特征f_1、f_2、f_5、f_6以及f_7（详见表 2-2）。

2.4.3 评价指标

我们采用了离线评价与在线评价两种方式对我们所提出的实体推荐算法的效果进行评价。

离线评价的目标在于评价与用户 u 所输入的查询 q 相关的实体集合，通过不同排序算法进行排序后的质量。在实验中，我们采用了两种离线评价指标：折扣累积增益（Discounted Cumulative Gain，DCG）与平均排序倒数（Mean Reciprocal Rank，MRR）。为了研究各排序模型在不同排序位置上的效果，我们基于不同检查点上的 DCG 与 MRR 值对各排序结果的质量分别进行比较。在实验中，我们主要汇报位于$\{1,5,10,15\}$这 4 个检查点上的评价结果。

DCG 是信息检索中用于衡量排序质量的一种评价指标，被广泛应用于评价搜索结果的相关性[49]。我们使用如下公式为排序后的实体列表计算出累计在给定排序位置 p 处的 DCG，该公式更注重于对相关实体的检索：

$$\mathrm{DCG}_p = \sum_{i=1}^{p} \frac{2^{\mathrm{rel}_i^{uq}} - 1}{\log_2(i+1)} \tag{2-33}$$

在上述公式中，$\mathrm{rel}_i^{uq} \in \{0,1\}$ 是用户 u 输入的查询 q 的相关实体排序结果中，位于排序位置 i 的实体的二元相关性（1 为相关，0 为不相关）。在实验中，整体 DCG 值由测试集 $\mathcal{H}_t$ 中所有测试样本的 DCG 经过求平均值后计算得出。为便于直观地理解实验结果，我们仍然沿用该标记方法，对于位于给定排序位置 p 处的平均 DCG 值，也采用相同的符号 DCG_p 进行标记。

此外，我们也采用了文献［5，19］中所使用的 MRR 来评价实体排序结果的排序质量。排序结果的排序倒数为标准实体（ground truth entity）在模型给出的排序结果中首次出现的位置的倒数。我们将测试集 $\mathcal{H}_t$ 中每个测试样本的前 p 个排序结果的平均排序倒数记为 MRR_p，其计算方法如下：

$$\mathrm{MRR}_p = \frac{1}{|\mathcal{H}_t|} \sum_{j=1}^{|\mathcal{H}_t|} \frac{1}{\mathrm{rank}(e_j^{uq})} \tag{2-34}$$

在上述公式中，e_j^{uq} 为第 j 次测试时，与用户 u 所输入的查询 q 所对应的标准实体，$\mathrm{rank}(e_j^{uq})$ 则表示由给定排序模型所确定的 e_j^{uq} 的排序位置。如果标准实体 e_j^{uq} 不在给定的前 p 个排序结果中，则 $\mathrm{rank}(e_j^{uq})$ 取值为 ∞ 。

离线评价只能评价排序结果的质量，无法评价真实用户对某个实体推荐模型所给出的推荐结果的参与度。为了量化并比较不同实体推荐模型的用户参与度，一种合理的方式是比较不同推荐结果的实体点击率（CTR）。CTR 是一种用于评价在线服务效果的有效评价指标，例如可用于评价推荐系统效果[50]、评价搜索广告效果[51] 以及评价网页搜索结果页面功能的效果[52]。在搜索引擎公司中，对基于大量在线对照实验后获得的真实用户数据进行效果评价的方式已被广泛采用[53]。而在线对照实验往往通过多组 A/B 测试㊀的方式进行。在实验中，进行在线对照实验的目标在于验证给定实体推荐模型是否能够提升推荐结果的 CTR 值并量化提升幅度。从在线对照实验的结果中，我们可以通过比较 CTR 值，对不同实体推荐模型的用户参与度进行对比评价。CTR 值越大，表明用户参与度越高。

在进行在线对照实验时，搜索给定查询集合中的某个查询的所有用户，会被随机且均衡地分配到一个对照组或实验组中。在实验过程中，一旦某个用户被分配到一个对照组或实验组，则其组别会一直保持不变，从而确保该用户在多次搜索时，获得的都是由同一个实体推荐模型所给出的推荐结果，因此得到的用户体验也相同。在实验中，我们为 5 个基线方法分别实现了 5 个不同的对照组，而将我们所提出的方法作为实验组。在各对照组或实验组中，当用户 u 在搜索测试集 $\mathcal{T}$ 中的某个查询 q 时，与该组对应的实体推荐模型则被应用于生成与 u 及 q 相关的实体推荐结果。然后，这些实体会被展现在与 u 本次查询所对应的搜索结果页的右侧区域㊁。在实验过程中，用户对每个推荐实体的交互行为都会被记录

㊀ https://en.wikipedia.org/wiki/A/B_testing。

㊁ 在所有对照组与实验组中，用户在搜索某个相同的查询时，除右侧区域中的实体推荐结果存在差异外，搜索结果页中的其他部分均保持不变。此外，展现在搜索结果页右侧区域中的实体数量，会与用户计算机显示器的分辨率进行自动适配，通常会展现 9 到 16 个实体。

在搜索日志中。最后，我们将在线对照实验持续进行多天，并从搜索日志中抽取出与所有对照组以及实验组所对应的用户行为数据。基于上述数据，即可计算出各对照组或实验组中推荐结果的 CTR 值，用于评价各组采用的实体推荐模型的用户参与度。上述 CTR 值的计算方法如下：

$$\mathrm{CTR}=\frac{\sum_{q\in\mathcal{T}}\sum_{e\in\mathcal{R}'(q)}\mathrm{click}(q,e)}{\sum_{q\in\mathcal{T}}\sum_{e\in\mathcal{R}'(q)}\mathrm{impression}(q,e)} \tag{2-35}$$

在上述公式中，$\mathcal{R}'(q)$ 为 $q\in\mathcal{T}$ 的推荐实体集合，$\mathrm{click}(q,e)$ 为用户搜索 q 时对实体 e 进行点击的总次数，$\mathrm{impression}(q,e)$ 则为用户搜索 q 时，展现过实体 e 的页面的总数。

2.5 实验结果与分析

本节主要汇报实验结果并对模型进行对比与分析。为遵守公司的保密政策，我们将原始 CTR 值通过除以 CTR 最大值的方法进行了归一化，只汇报相对 CTR 值。此外，在每个表与图中，我们对统计显著性进行了标记，并将各个指标下的最高得分用粗体进行了标记。统计显著性通过配对双尾 t 检验（paired two-tailed t-test）的方式进行。对 CTR 结果而言，t 检验在原始 CTR 值上进行。此外，在离线评价结果中，由于 MRR_1 与 DCG_1 的结果相同，我们省去了 MRR_1 指标及其实验结果。

2.5.1 本方法与五种基线方法的比较

下面对我们所提出的方法（记为 LTRC）以及各基线方法进行比较与分析。

我们首先对比各实体推荐方法所产生的推荐结果的质量。表 2-3 给出了我们所提出的方法以及各基线方法的离线评价结果。从中可以看出，其他 5 个方法均显著优于 Random 方法。与 Random 相比，Co-click 在效果上的增幅比其他 4 个方法的增幅要低。Co-click 方法完全基于实体点击日中的实体共现次数，因此只对历史点击日志中出现过的实体有效，从而不可避免地会受制于冷启动问题（coldstart problem），该问题对未被点击或新出现的实体而言尤为严重。从结果中还可以看出，CTR-model、Production 以及 TEM 这 3 种方法不仅显著优于 Random 与 Co-click，而且这 3 种方法的实验结果也较为接近，其原因在于这 3 种方法均基于 CTR 信号进行实体推荐。这一结果表明从实体点击日志中获得的用户点击信息对于构建实体推荐系统而言极其有效。此外，实验结果显示 LTRC 在不同排序位置上的 DCG 与 MRR 值均大幅度显著优于所有基线方法。这一结果表明 LTRC 能够为用户提供质量更高的实体推荐结果。这一结果也验证了我们所提出的实体推荐算法的有效性，以及采用增强实体信息新颖性为目标进行学习目标优化与排序特征设计这一思想的有效性。

表 2-3 各个方法的离线评价结果

	DCG				MRR		
	DCG_1	DCG_5	DCG_{10}	DCG_{15}	MRR_5	MRR_{10}	MRR_{15}
Random	0. 123 0	0. 351 9	0. 489 3	0. 525 8	0. 264 3	0. 310 8	0. 319 5
Co-click	0. 230 8	0. 484 8	0. 589 8	0. 614 6	0. 386 8	0. 421 1	0. 426 9
CTR-model	0. 270 1	0. 531 9	0. 627 3	0. 646 4	0. 429 9	0. 460 7	0. 465 1
Production	0. 271 2	0. 527 6	0. 622 2	0. 645 0	0. 428 1	0. 458 7	0. 463 9
TEM	0. 272 5	0. 534 9	0. 629 5	0. 648 4	0. 432 6	0. 463 1	0. 467 4
LTRC	**0. 282 1**▲*	**0. 549 0**▲*	**0. 640 6**▲*	**0. 657 5**▲*	**0. 444 7**▲*	**0. 474 2**▲*	**0. 478 0**▲*

注：▲*表示对当前结果及同一列中的其他结果进行 t 检验后，均达到 $p<0.001$ 的显著性统计差异。

然后，我们对各实体推荐方法所产生的推荐结果的用户参与度进行比较。图 2-3 给出了我们所提出的方法以及各基线方法的在线评价结果。图中△表示对当前结果以及其他结果进行 t 检验后，均达到 $p<0.05$ 的显著性统计差异。从结果中可以看出，LTRC 显著优于所有基线方法，且 CTR 值最高。这一结果表明，与所有基线方法相比，LTRC 能够显著提升用户参与度。这一结果也验证了我们提出的方法能够为用户推荐兴趣度更高的实体。

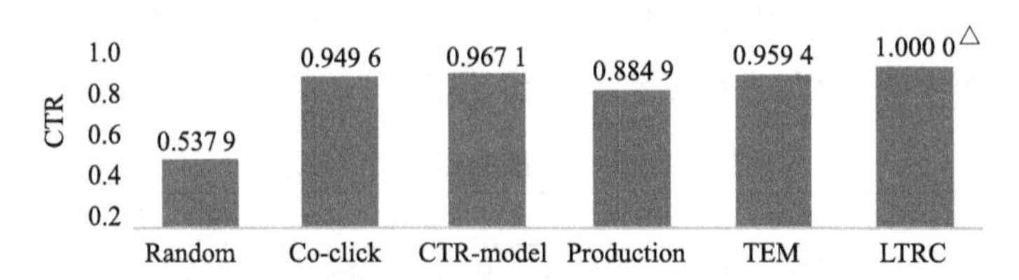

图 2-3 各个方法的 CTR 评价结果

2.5.2 不同特征的贡献度分析

下面对我们所提出的方法 LTRC 以及该模型中所使用的各个特征的影响进行详细分析。

为了进一步检验 LTRC 的有效性，我们采用不同的特征组合训练了多个实体推荐模型，用于同 LTRC 进行对比分析。为方便阐述，我们将表 2-2 中的相关性特征、兴趣度特征以及意外度特征这 3 组特征分别用符号 R、I 以及 U 进行表示。下面是对比分析中所采用的实体推荐模型。

（1）**$\mathbf{LTRC}_R$、$\mathbf{LTRC}_I$、$\mathbf{LTRC}_U$** 这 3 个模型分别只使用 R、I 以及 U 中的其中一个特征组中所包含的特征进行训练得到。

（2）**$\mathbf{LTRC}_{R+I}$，$\mathbf{LTRC}_{R+U}$，$\mathbf{LTRC}_{I+U}$** 这 3 个模型分别使用 R、I 以及 U 中的其中 2 个特征组中所包含的特征进行训练得到，例如 $R+I$ 表示使用了 R 与 I 这 2 个特征组的组合。

（3）**LTRC** 该模型采用了 R、I 以及 U 这 3 个特征组中的所有特征。

表 2-4 给出了上述各个模型的离线评价结果。对表中各个模型的效果进行分析后，我们得出了以下结论。

表 2-4 各个模型的离线评价结果

	DCG				MRR		
	$\mathbf{DCG_1}$	$\mathbf{DCG_5}$	$\mathbf{DCG_{10}}$	$\mathbf{DCG_{15}}$	$\mathbf{MRR_5}$	$\mathbf{MRR_{10}}$	$\mathbf{MRR_{15}}$
LTRC_R	0.168 7	0.410 1	0.533 5	0.564 4	0.317 4	0.358 6	0.365 9
LTRC_I	0.278 0	0.542 3	0.635 5	0.653 2	0.439 0	0.469 0	0.473 0

（续）

	DCG				MRR		
	DCG_1	DCG_5	DCG_{10}	DCG_{15}	MRR_5	MRR_{10}	MRR_{15}
$LTRC_U$	0.218 5	0.482 2	0.586 5	0.610 2	0.380 9	0.415 1	0.420 6
$LTRC_{R+I}$	0.278 8	0.544 3	0.637 0	0.654 5	0.440 7	0.470 5	0.474 5
$LTRC_{R+U}$	0.227 7	0.490 5	0.593 4	0.616 4	0.389 4	0.423 0	0.428 4
$LTRC_{I+U}$	0.281 1	0.548 5	0.639 8	0.656 9	0.444 1	0.473 5	0.477 3
LTRC	**0.282 1**▲	**0.549 0**△	**0.640 6**▲	**0.657 5**▲	**0.444 7**▲	**0.474 2**▲	**0.478 0**▲

注：为验证 LTRC 相对其他模型在效果提升上的显著程度，我们对当前结果及同一列中的其他结果均进行了 t 检验。在上表中，▲与△分别表示达到了 $p<0.01$ 与 $p<0.05$ 的显著性统计差异。

首先，与模型 $LTRC_U$ 以及 $LTRC_R$ 相比，$LTRC_I$ 在各指标上均获得了最高得分。这一结果表明，兴趣度特征组是其中最有效的特征组。此外，从实验结果中可以看出，在移除特征组 I 之后，模型效果显著降低（从 LTRC 到 $LTRC_{R+U}$），从而进一步验证了兴趣度特征组在提升实体推荐结果的质量上起到了最重要的作用。主要原因在于，与其他两个特征组相比，兴趣度特征组除了能够更加有效地捕获用户、查询以及实体三者间的潜在相互关系，还能够揭示实体间存在的能激起用户兴趣的关系。由于所有兴趣度特征都是从实体点击数据中学习得到。因此，上述结果也证明了从实体点击日志中获得的用户点击信号对于建模兴趣度至关重要。

其次，从实验结果中还可以看出，在增加意外度特征组 U 之后，模型效果得到显著提升（从 $LTRC_{R+I}$ 到 LTRC，且对二者实验结果进行 t 检验后，$p<0.01$，表明具有显著性统计

差异)。这一结果表明意外度特征组也能够帮助提升实体推荐结果的质量，也验证了在实体推荐系统中引入意外度的有效性。主要原因在于，意外度特征组 U 中的特征能够有助于避免推荐已经被大部分用户所熟知的实体，或者帮助用户获得意料之外的发现，从而为实体推荐系统带来了其他两个特征组所不具备的新信号。

再次，实验结果也表明，相关性特征组 R 也能够帮助提升实体推荐结果的质量（从 LTRC_{I+U} 到 LTRC，二者实验结果间 t 检验的显著性统计差异为 $p<0.05$)。但 LTRC_{I+U} 与 LTRC 之间的效果差距比较小，而且与其他两个特征组 I 与 U 相比，R 特征组为实体推荐模型带来的效果提升也更低。主要原因在于，相关性特征组 R 中的特征都只基于实体的内容信息，但其他两个特征组 I 与 U 中的特征都使用了丰富的用户点击信息。上述结果表明，使用用户点击信息学习出能够有效揭示用户、查询以及实体三者间的潜在相互关系，并且能够激起用户兴趣的实体关系的特征，对于构建实体推荐系统而言至关重要。主要原因在于上述这些关系都很难通过内容信息进行建模。这一结果也显示了使用用户点击信息在构建实体推荐系统中的巨大潜力。

最后，为了深入分析单特征的影响力，我们计算了所有单特征的重要性得分。我们首先将影响力最大的特征的得分赋值为 100，然后将其他特征的重要性得分按照相同比例进行缩放。图 2-4 给出了所有特征经过缩放后的重要性得分。从排序靠前的 10 个特征的分布可以看出，这些特征在模型

LTRC 中均起到了至关重要的作用。此外，基于排序学习框架的实体推荐算法也能够通过对 R、I 以及 U 中的多个特征进行有效融合，在效果上显著优于那些仅使用单特征的模型。排序前 10 的特征中有 3 个意外度特征（f_{18}、f_{17} 以及 f_{16}），这也进一步验证了在实体推荐系统中引入意外度的重要性。从实验结果中还可以看出，虽然与用户有关的特征（f_8、f_{14}、f_5、f_{13} 以及 f_{12}）有助于准确地进行个性化推荐，但其影响力与其他特征相比却更低。主要原因在于，这些特征仅在“用户-查询-实体”三元组在历史搜索日志中出现过的情况下，才能被计算出来。因此，这些特征的覆盖率仅限于被点击过的实体，从而使得它们无法作用于缺失点击的实体上。

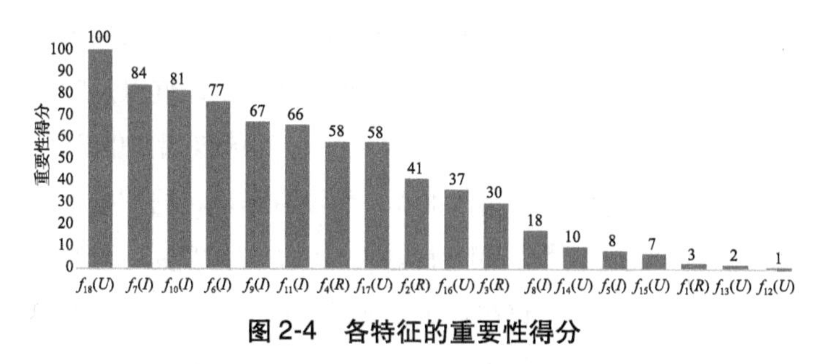

图 2-4 各特征的重要性得分

2.6 本章小结

本章提出了一种基于排序学习与信息新颖性增强的实体推荐算法。我们首先使用排序学习框架将相关实体发现与实体排序进行有效融合。然后，我们定义了搜索引擎中信息新颖性的概念，并围绕信息新颖性设计了相关特征及优化目标。实验结果表明，我们所提出的方法在实体推荐效果上显著优于5个稳健的基线方法。我们还对不同特征的影响进行了分析，结果表明兴趣度特征是其中最有效的特征，且意外度特征能够显著提升实体推荐的效果。此外，在线对照实验的结果进一步表明，与所有基线方法相比，我们的方法还能显著提升用户参与度。

在本章的工作中，为了更好地建模信息新颖性，在排序学习模型中，我们引入了与信息新颖性紧密相关的3组特征。虽然该方法取得了显著的效果提升，但在兴趣度以及意外度建模方面仍然有一定的提升空间。因此，在未来的工作中，我们希望探索更多有助于提升推荐实体兴趣度以及意外度的特征。此外，在本章的工作中，我们只针对用户以及用户当前输入的查询进行实体推荐，而没有考虑在同一搜索会话中的上下文信息[23]，即用户输入的历史查询及其对应的点击信息。该研究问题将在第3章进行攻克。最后，我们希望能够为实体推荐结果给出推荐理由[24,25,63]，从而更好地帮助用户理解被推荐的实体与其输入的查询之间的关系，使推荐结果更易被用户所接受。该研究问题将在第4章与第5章进行攻克。

第 3 章

基于深度多任务学习的上下文相关实体推荐

3.1 引言

近年来，为了进一步提升用户的搜索体验，大多数商业搜索引擎都在搜索结果页中为用户提供相关实体推荐。图 3-1 显示了一个百度搜索引擎为查询“芝加哥”所给出的实体推荐结果示例。虽然这些实体推荐结果与“芝加哥”最常被提及的含义“芝加哥（城市）”存在很强的相关性，但当用户在同一个搜索会话中输入的前序查询序列与“芝加哥（城市）”完全不相关时，这些实体推荐结果可能无法与用户的真实信息需求相匹配。例如，当用户在搜索“芝加哥”之前，已经在当前搜索会话中输入了“音乐剧猫”或“魔法坏女巫”等音乐剧。在这类上下文情形下，用户更可能是想寻找与“芝加哥（音乐剧）”而非“芝加哥（城市）”相关的信息。由此可见，仍然推荐这些城市可能无法满足用户的信息发现需求。

美国城市

纽约　波士顿　旧金山　洛杉矶

图 3-1　查询“芝加哥”所对应的百度实体推荐结果示例

目前大部分实体推荐方法[5,6,18,19]只基于用户输入的当前查询进行实体推荐，而未考虑用户在同一个搜索会话中输入的前序查询序列这一上下文信息。这些方法主要存在以下两方面不足：一方面，不考虑上下文信息，会使得相同查询在不同上下文情形下所得到的实体推荐结果完全相同，从而导致推荐结果可能无法与用户的真实信息需求相匹配；另一方面，当查询具有歧义时，仅仅依赖于查询本身很难获得足够的理据对其进行消歧，从而导致这些方法无法很好地处理具有歧义的查询。因此，这些方法往往倾向于根据查询最常被提及的含义进行实体推荐。我们认为搜索会话中的前序查询序列这一上下文信息能够为信息需求理解提供有价值的理据，从而有助于缓解这一问题。首先，上下文信息有助于更准确地理解用户的当前信息需求，从而使得我们能够为具有歧义的查询提供更相关的实体推荐结果。例如，当用户搜索“芝加哥”时，其背后的信息需求可能是城市或电影，也有可能是音乐剧或乐队。如果不考虑上下文信息，我们无法准确地获知用户究竟想寻找哪种信息，因此往往只能基于该查询最常被提及的含义进行实体推荐。然而，如果用户在输入“芝加哥”之前，先输入了查询“追梦女孩”，则与“芝加哥（城市）”相比，该用户很有可能对“芝加哥（电影）”更感兴趣。其次，上下文信息还有助于更准确地将实体与用户的个性化信息需求进行匹配，从而为用户提供个性化实体推荐结果。例如，用户在输入“卡梅隆”之前，先输入了“阿凡达”与“泰坦尼克”等电影类前序查询，那么该用户更有可能对与“卡梅隆”相关的其他电影更感兴趣。与之类似，如果该用户先输入了“莱昂纳多”与“斯皮尔伯格”等明星，那么该用户在查询“卡梅隆”时，更有可能对与“卡梅隆”相关的其他明星更感兴趣。由此可见，为了更准确地理解用户的信息需求并提供更相关的实体推荐结果，在实体推荐算法中考虑搜索会话中的上下文信息至关重要。

为了利用搜索会话中的上下文信息，Fernandez-Tobias 等人[20] 提出了一种基于记忆的实体推荐方法，基于用户的过往搜索行为数据为用户推荐与搜索会话相关的实体。但该方法严重依赖于搜索日志中能被观察到的用户过往搜索行为数据。因此不可避免地会受制于数据稀疏以及冷启动问题，尤其是缺乏用户行为数据的长尾查询、冷门查询以及新实体。

在本章中，我们研究上下文相关实体推荐问题，并将研究重点集中在如何利用前序查询序列这一上下文信息来提升实体推荐效果。该任务主要存在以下两个挑战。首先，搜索日志中的上下文相关的实体点击数据存在严重的数据稀疏问题。主要原因在于，当前实体推荐系统倾向于根据查询最常被提及的含义进行实体推荐。因此，对于具有歧义的查询而言，除最常被提及的含义外，较少以及很少被提及的含义所对应的实体点击数据都极其稀疏。其次，搜索会话中的前序查询序列，并不一定都与当前查询相关。因此，需要对其进行识别，只选择其中相关的查询来帮助理解当前查询的信息需求。针对上述挑战，我们提出了一种基于深度多任务学习的上下文相关实体推荐方法。具体地，该深度多任务学习模型通过上下文相关实体推荐以及上下文相关文档排序这两个任务进行联合训练，其中前者为主任务，而后者为辅助任务。一方面，使用多任务学习，使得我们能够充分利用大规模多任务交叉（cross-task）数据，从而有效缓解上述数据稀疏问题。另一方面，为了减少不相关前序查询带来的影响，我们使用了注意力机制来选择性地使用前序查询序列中与当前查询相关的信息。

我们基于百度搜索引擎的搜索日志采样并构建了大规模、真实数据集，并在此之上进行实验与评价。实验结果表明，我们所提出的方法在上下文相关实体推荐效果上显著优于现有基线方法。消融实验（ablation study）的结果表明，在实体推荐模型中引入搜索会话中的前序查询序列，能够显著提升实体推荐的效果。此外，采用多任务学习框架能够进一步提升推荐效果。

3.2 问题定义

在本节中，我们首先给出上下文相关实体推荐任务的定义，然后详细介绍采用深度多任务学习框架的动机。

3.2.1 上下文相关实体推荐任务定义

在搜索引擎中，实体推荐任务解决的主要问题是为给定查询 q_t 找到与其相关的一系列实体 $E_t=\{e_1,e_2,\cdots,e_h\}$ 并对其进行排序[6]。目前大部分实体推荐方法都与上下文无关，只基于搜索会话中的当前查询 q_t 进行实体推荐。在本章中，我们研究上下文相关实体推荐问题，并将研究重点集中在如何利用前序查询序列这一上下文信息来提升实体推荐效果。具体地，给定查询 q_t、上下文信息 C_t 以及 E_t，上下文相关实体推荐任务解决的主要问题是根据从 q_t 与 C_t 中获得的信号对 E_t 中的实体进行排序。在本章中，我们把研究重点集中在上下文相关的实体排序方法上，因此不再详述如何获取与 q_t 相关的实体集合 E_t。在实验中，E_t 通过百度搜索引擎的实体推荐系统所使用的相关实体发现方法进行获取。该相关实体发现方法主要基于 3 种数据源：百度知识图谱、搜索日志以及网页文档。关于该方法的详细介绍可参考 2.3.1 节与文献［6］。

搜索会话是由用户在获取同类信息需求时与搜索引擎之间的一系列交互行为所构成的序列数据[107]。在一个搜索会话中，用户可能与搜索引擎进行多次交互。在交互过程中，为了获得与其信息需求相关的结果，用户可能会多次修改查询来重新进行搜索。因此，对于当前查询 q_t（当前搜索会话中的首个查询除外，即 $t \neq 0$）而言，用户在该搜索会话中输入的一系列位于 q_t 之前的历史查询，就构成了 q_t 的前序查询序列 $C_t = \{q_1, q_2, \cdots, q_{t-1}\}$。在本章中，我们将 C_t 作为查询 q_t 的上下文信息。由于 C_t 与用户的当前信息需求存在一定的关联，因此有助于提升 q_t 的实体推荐效果。

用户在一个搜索会话中输入多个查询（大于 1 个）的情况并不少见。Bar-Yossef 等人[108]发现搜索会话中约 49%的查询都具有至少一个前序查询。Xiang 等人[109]发现约 50%的搜索会话含有 2 个以上查询。我们也从百度搜索引擎的搜索日志中随机抽样了一份大规模搜索会话数据。统计结果显示该数据中含有 4.2 亿个搜索会话，其中 52.61%的搜索会话含有 2 个以上查询。上述统计结果均显示将搜索会话中的前序查询序列作为上下文信息，对提升实体推荐效果具有较大潜力。

在与实体推荐相关的其他搜索引擎研究任务中，用户在搜索会话中输入的前序查询序列这一上下文信息已被证明能够有效地帮助理解用户的信息需求。例如，上下文相关的查询建议[3,110-112]与上下文相关文档排序[107,109,113]。然而，这些方法均要求搜索日志中存在较为充足的上下文相关搜索行为数据这一前提条件。但搜索日志中的上下文相关实体点击数据却存在严重的数据稀疏问题。解决该问题的一种可行方法是借助相关任务中的大规模上下文相关数据，基于多任务学习的方法来实现知识迁移。

3.2.2 使用多任务学习的原因

多任务学习是一种同时训练多个任务并通过共享表示来实现知识迁移的机器学习方法[114]，已被证明能够通过多个相关任务的联合学习来提升模型泛化能力。近年来，基于神经网络的多任务学习在一些自然语言处理任务中取得了显著效果。例如，Collobert 等人[115]提出了一种多任务学习框架，学习在词性标注、语块分析、命名实体识别以及语义角色标注这几个任务中进行共享的表示。Bordes 等人[116]提出了一种联合学习词与实体表示的多任务学习框架，用于提升实体关系抽取的效果。Dong 等人[117]提出了一种基于多任务学习框架的神经机器翻译模型，用于解决将一种源语言文本翻译成多种不同目标语言的问题。Liu 等人[118]提出了一种将查询分类与文档排序进行联合训练的多任务学习模型，并在两个任务上均取得了效果提升。Ahmad 等人[119]提出了一种联合学习文档排序与查询建议的多任务学习框架。我们所提出的基于深度多任务学习的框架成功地将上下文相关实体推荐与上下文相关文档排序任务进行了结合，从而能够利用上下文相关文档排序任务中的大规模训练数据实现这两个相关任务中的知识迁移。

在本章中，我们将上下文相关文档排序作为辅助任务，并使用多任务学习框架将其与上下文相关实体推荐这一主任务进行结合来提升后者的效果。上下文相关文档排序任务[107,109]解决的主要问题是根据从查询 q_t 及其上下文信息 C_t（如搜索会话中的前序查询序列及其点击数据）中获得的信号对 q_t 的相关文档集合 $D_t=\{d_1,d_2,\cdots,d_w\}$进行排序。

采用多任务学习主要基于以下三方面原因。首先，在搜索引擎中，上下文相关文档排序与上下文相关实体推荐彼此密切相关。因此，用户在搜索会话中输入的查询与上下文信息能够很容易地在二者之间共享。其次，上下文相关文档排序所对应的搜索日志量要远远大于上下文相关实体推荐。借助于多任务学习框架以及前者中的大规模搜索日志来实现知识迁移，能够有效缓解后者上下文相关实体点击数据的稀疏问题。最后，用户在相同查询的不同上下文情形下所点击的文档有助于更准确地理解用户的搜索意图。因此，通过多任务学习框架将二者进行联合训练有助于提升实体推荐任务的效果。例如，对于具有歧义或者意图不明确的查询，为了更好地满足用户的多元化信息需求，大多数商业搜索引擎往往都会为用户提供多样化的搜索结果[120-122]。然而，由于受结果展现空间的限制，搜索引擎返回的实体推荐结果的多样性往往差于网页文档结果，很难对这些查询背后的搜索意图进行全面覆盖。因此，当用户搜索此类查询时，与实体推荐结果相比，更容易在网页文档结果中找到与自己信息需求相匹配的结果。以具有歧义的查询“芝加哥”为例，不同用户输入该查询，其背后可能的搜索意图包括城市、电影、音乐剧、大学、旅行以及乐队。表 3-1 显示了查询“芝加哥”在不同上下文情形下用户的点击结果示例。从示例中可以看出，用户在上下文为“洛杉矶⇒西雅图”以及“追梦女孩”这两种情形下均获得了满意的网页文档结果。但在前序查询为“追梦女孩”时，没能获得满意的实体推荐结果。从直觉上判断，借助用户在不同上下文情形下点击的文档，能够推断出用户在当前查询背后所隐含的搜索意图，从而有助于更准确地识别用户的信息需求，进而帮助提升实体推荐任务的效果。

表 3-1　查询“芝加哥”在不同上下文情形下的文档与实体点击结果

查询：芝加哥
上下文 1：洛杉矶⇒西雅图
点击文档：芝加哥（美国国际大都市）_百度百科、芝加哥旅游攻略_携程
点击实体：纽约、波士顿
上下文 2：追梦女孩
点击文档：芝加哥_豆瓣电影、芝加哥（美国 2002 年罗伯·马歇尔执导电影）_百度百科
点击实体：N/A

3.3 基于多任务学习的上下文相关实体推荐模型

在本节中，我们首先介绍上下文无关实体推荐模型，然后介绍如何利用上下文信息构建上下文相关实体推荐模型，接着介绍如何利用多任务学习提升上下文相关实体推荐模型的效果，最后介绍如何利用学习到的上下文相关实体推荐模型提升实体推荐算法的效果。

3.3.1 上下文无关实体推荐模型

我们将查询与实体均映射到相同的向量空间，并基于二者向量之间的相似度来衡量其语义相关性。我们使用双向LSTM[123]（简写为BiLSTM）来对查询进行编码。首先，我们基于词嵌入矩阵将给定查询$q_t=[w_1,w_2,\cdots,w_n]$中的每一个词转化为能够捕捉其语义信息的对应向量表示。然后，我们使用一个正向LSTM与一个逆向LSTM分别获得q_t的一系列隐藏状态$[\overrightarrow{h_1},\overrightarrow{h_2},\cdots,\overrightarrow{h_n}]$与$[\overleftarrow{h_n},\overleftarrow{h_{n-1}},\cdots,\overleftarrow{h_1}]$。最后，我们将隐藏状态$\overrightarrow{h_n}$与$\overleftarrow{h_n}$拼接起来，作为$q_t$的向量表示$\boldsymbol{h}_n=[\overrightarrow{h_n};\overleftarrow{h_n}]$。使用上述编码方式，即可获得$q_t$的对应向量表示。为方便阐述，我们将其记为$\boldsymbol{v}_q$。

我们也将实体映射到相同的向量空间中。为方便阐述，

我们将实体 e 的语义表示记为 $\boldsymbol{v}_e$。将实体转化为向量表示，最直接的方法是将每个实体当成一个物品，然后基于实体嵌入学习其向量表示。上述方法的主要不足在于无法将训练集中不存在的实体映射到向量空间中。但测试集中出现的实体在训练集中可能并不存在，在测试时这些词表外词（Out-Of-Vocabulary，OOV）通常被映射成随机向量。为解决这一问题，研究者们提出了使用实体名称的词向量来表示新实体[124]以及通过实体描述学习新实体的表示[125-127]。然而，仅使用实体名称或实体描述来学习实体表示，可能会出现歧义问题。为此，我们将实体的唯一标识符与实体名称以及实体描述结合起来进行实体表示学习。具体方法如下：

$$v_e = \boldsymbol{\phi}(W_e[\boldsymbol{v}_e^i;\boldsymbol{v}_e^n;\boldsymbol{v}_e^d] + b_e) \tag{3-1}$$

在上述公式中，$\boldsymbol{v}_e^i$、$\boldsymbol{v}_e^n$ 以及 $\boldsymbol{v}_e^d$ 分别是实体唯一标识符、实体名称以及实体描述的向量表示。$[\boldsymbol{v}_e^i;\boldsymbol{v}_e^n;\boldsymbol{v}_e^d]$ 表示向量拼接，W_e 为权重，b_e 为偏置，$\boldsymbol{\phi}$ 为激活函数。$\boldsymbol{v}_e^n$ 与 $\boldsymbol{v}_e^d$ 分别由 BiLSTM 对实体名称与实体描述进行编码后得到。

将查询 q_t 与实体 e 转化为向量表示后，即可通过二者向量之间的余弦相似度计算其语义相关性：

$$f(q_t, e) = \cos(\boldsymbol{v}_q, \boldsymbol{v}_e) = \frac{\boldsymbol{v}_q^{\mathrm{T}}\boldsymbol{v}_e}{\|\boldsymbol{v}_q\| \, \|\boldsymbol{v}_e\|} \tag{3-2}$$

该模型的参数可以通过 pairwise 排序学习[128] 以及随机梯度下降法进行学习。给定训练集 T_q，该模型的学习目标是学习出能够最小化点击实体的负对数似然概率的打分函数 $f(q_t, e)$：

$$-\lg \prod_{(q_t, e^+) \in T_q} P(e^+ \mid q_t) \tag{3-3}$$

上述公式中的 e^+ 为点击实体，其概率的计算方法如下：

$$P(e^+ \mid q_t) = \frac{\exp(\gamma f(q_t, e^+))}{\sum_{e \in E} \exp(\gamma f(q_t, e))} \tag{3-4}$$

在上述公式中，E 为 q_t 的相关实体集合，γ 为调整因子并基于扣留数据估计得到。

3.3.2 上下文相关实体推荐模型

我们将搜索会话中的前序查询序列作为上下文信息来提升实体推荐的效果。为此，我们基于搜索会话中的前序查询序列来构建上下文相关的查询表示。具体地，为了获得上下文 C_t 的表示 v_c，我们首先使用 BiLSTM 将 C_t 中的各个查询编码成对应的向量表示，得到经过编码后的查询序列 $v_c^t = [\boldsymbol{v}_{q1}, \boldsymbol{v}_{q2}, \cdots, \boldsymbol{v}_{q_{t-1}}]$。

然后，我们使用基于注意力机制的加权平均[129] 的方法，通过 v_c^t 生成一个固定长度向量 $\boldsymbol{v}_c$ 来表示 C_t，其计算方法如下：

$$\boldsymbol{v}_c = \sum_{i=1}^{t-1} \alpha_i \boldsymbol{v}_{q_i} \tag{3-5}$$

上述公式中的注意力权重 α_i 的计算方法如下：

$$\alpha_i = \frac{\exp(a_i)}{\sum_{j=1}^{t-1} \exp(a_j)} \tag{3-6}$$

$$a_i = v_a^{\mathrm{T}} v_{q_i} \tag{3-7}$$

上述公式中的隐向量 $\boldsymbol{v}_a$ 为可训练参数，可通过模型训练自动学习得到。

最后，我们将 $\boldsymbol{v}_c$ 与 $\boldsymbol{v}_q$ 进行拼接后再通过一个全连接层，得到当前查询 q_t 的上下文相关表示 $\boldsymbol{v}_s$。基于上述表示，q_t、C_t 与 e 之间的相似度可以通过如下方式进行计算：

$$P(e \mid C_t, q_t) = \cos(\boldsymbol{v}_e, \boldsymbol{v}_m) = \frac{\boldsymbol{v}_e^{\mathrm{T}} \boldsymbol{v}_m}{\| \boldsymbol{v}_e \| \| \boldsymbol{v}_m \|} \tag{3-8}$$

上述公式中的 $\boldsymbol{v}_m$ 为 q_t 与 C_t 的任务相关表示，通过一个全连接层从 $\boldsymbol{v}_s$ 计算得到。

通过上述方式，q_t 与 e 之间的排序得分可以由带有上下文信息的 $\boldsymbol{v}_s$ 与 $\boldsymbol{v}_e$ 之间计算得到，而非简单地通过不带任何上下文信息的 $\boldsymbol{v}_q$ 与 $\boldsymbol{v}_e$ 之间计算得到。

3.3.3 使用多任务学习提升上下文相关实体推荐模型的效果

我们使用多任务学习，将上下文相关文档排序作为辅助任务来提升上下文相关实体推荐这一主任务的效果。

上下文相关文档排序的目标是估算给定查询 q_t 及其上下文信息 C_t 与文档 d 之间的相关性。我们使用双向 LSTM 对查询与文档进行编码。为了提升大规模数据下的训练速度，我们参照 Gao 等人[97] 的做法，在实验中使用文档标题替代整个文档来学习文档的表示。q_t、C_t 与 d 之间的相关性的计算方法如下：

$$P(d \mid C_t, q_t) = \cos(\boldsymbol{v}_d, \boldsymbol{v}_r) = \frac{\boldsymbol{v}_d^{\mathrm{T}} \boldsymbol{v}_r}{\|\boldsymbol{v}_d\| \|\boldsymbol{v}_r\|} \tag{3-9}$$

在上述公式中，$\boldsymbol{v}_d$ 为文档 d 的表示，$\boldsymbol{v}_r$ 为 q_t 与 C_t 的任务相关表示，通过一个全连接层从 $\boldsymbol{v}_s$ 计算得到。

图 3-2 显示了我们所提出的基于深度多任务学习的模型框架。在该网络中，用于学习查询与上下文表示的网络层在两个任务间是共享的（如图中左侧部分所示），而其他网络层则是任务相关的（如图中右侧部分所示）。具体地，融合了搜索会话中的所有前序查询序列与当前查询信息的 $\boldsymbol{v}_s$ 作为两个任务的输入之一，并在两个任务间进行共享。共享表示 $\boldsymbol{v}_s$ 通过多任务学习目标进行训练，以捕捉当前查询与上下文的重要特征。而文档与实体的表示则是任务相关的，只通过优化各自任务对应的目标进行学习。在右侧部分，给定一个查询及其上下文，实体与文档的条件概率分别由式（3-8）与式（3-9）进行计算得到。

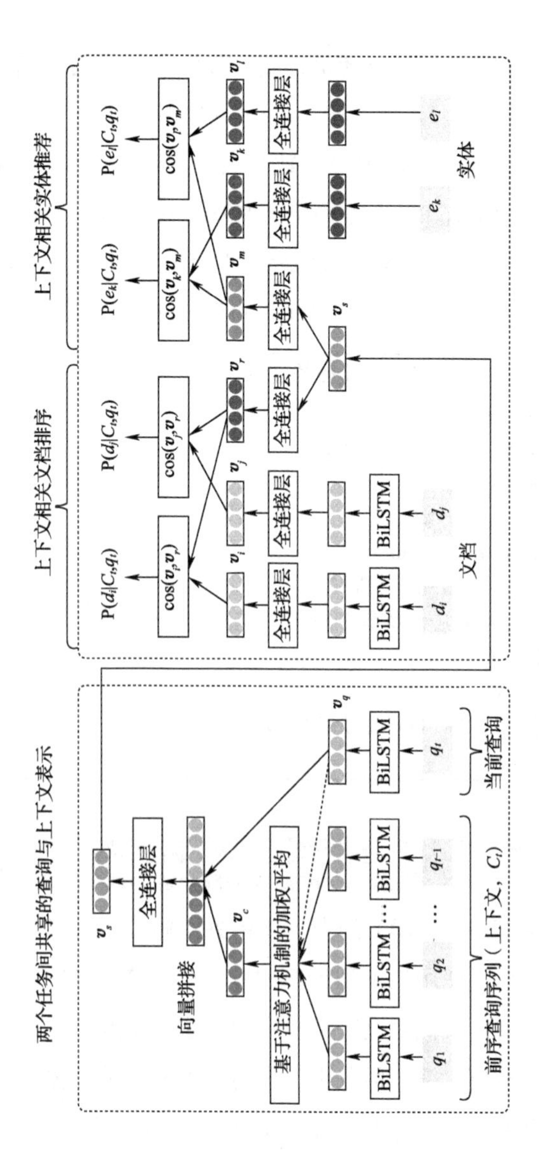

图 3-2 基于深度多任务学习的模型框架（见彩插）

该模型的参数可通过随机梯度下降法进行学习得到，训练方法详见算法 3-1。我们使用 pairwise 排序学习方法来训练这两个任务，所采用的损失函数与式（3-3）相同。在实验中，我们使用带有 128 个隐藏单元的双层 BiLSTM。词嵌入与实体嵌入的维度均为 256。批处理大小为 512。学习率初始设置为 0.1，且每 10 次训练后以 0.9 的系数进行衰减。

算法 3-1　深度多任务学习模型的训练

输入： 上下文相关实体推荐任务 T_1 及其训练集 $\mathcal{T}_1$，上下文相关文档排序任务 T_2 及其训练集 $\mathcal{T}_2$

输出： 模型参数 Θ

1 随机初始化模型参数 Θ

2 **for** iteration in $1\cdots I$ **do**

3 　随机选择一个任务 $T_i(T_1$ 或 $T_2)$

4 　为任务 T_i 从对应训练集 $\mathcal{T}_i$ 中随机选择一批训练样本

5 　计算任务 T_i 的损失

6 　计算梯度$\nabla(\Theta)$

7 　根据梯度变化$\nabla(\Theta)$ 更新参数 Θ

8 **end**

3.3.4　利用上下文相关实体推荐模型提升推荐效果

基于深度多任务学习的上下文相关实体推荐模型训练完成后，我们可以使用该模型计算出 q_t、C_t 与各个实体 $e \in E_t$ 之间的相似度。我们对以下两种使用上述相似度得分的方法进行实验与分析。第一种方法仅使用上下文相关实体推荐模型计算得到的相似度对 E_t 中的实体进行排序。第二种方法则将该相似度作为一个基于排序学习的基线实体推荐模型的一维特征。

为了分析第一种方法的效果，我们使用了以下 3 个单一模型进行对比。

（1）ER 该模型在进行实体推荐时只考虑搜索会话中的当前查询，属于上下文无关的实体推荐模型。该模型的具体描述详见 3.3.1 节。

（2）ER-C 该模型将搜索会话中的前序查询序列作为上下文信息来提升实体推荐的效果，并通过单任务目标进行学习，属于上下文相关实体推荐模型。该模型的具体描述详见 3.3.2 节。

（3）ER-C-MT 该模型将搜索会话中的前序查询序列作为上下文信息，并利用多任务学习来提升上下文相关实体推荐的效果。该模型的具体描述详见 3.3.3 节。

上述单一模型计算得出的相似度得分，也能作为基于排序学习的基线实体推荐模型的特征。为了分析引入上下文特征后的推荐效果，我们参照 Huang 等人[6,19] 提出的方法，使用一系列上下文无关的特征训练了一个基于排序学习的实体推荐模型。为方便阐述，我们将其记为 **LTR**。我们将该模型作为基线模型，并通过在这一基线模型上引入不同上下文特征后的推荐效果，来对不同单一上下文相关实体推荐模型的效果进行对比分析。在实验中，我们使用了以下 3 个不同的基于排序学习的实体推荐模型来进行对比分析。

（4）LTR-ER 该模型以 LTR 为基础并引入 ER 计算得到的相似度特征进行训练。

（5）LTR-ER-C 该模型以 LTR 为基础并引入 ER-C 计算得到的相似度特征进行训练。

（6）LTR-ER-C-MT 该模型以 LTR 为基础并引入 ER-C-MT 计算得到的相似度特征进行训练。

在实验中，我们采用梯度提升决策树[105] 训练排序学习模型。排序学习模型的参数与超参数分别在单独的训练集与验证集上进行调优后得到。

3.4 实验设置

本节主要介绍实验设计、实验数据、基线方法以及评价指标。

本章的主要目标是研究基于深度多任务学习的上下文相关实体推荐模型的效果。为此，我们将围绕以下 5 个研究问题来指导实验的设计与分析。

（1）RQ1 将搜索会话中的前序查询序列作为上下文信息引入，是否能显著提升实体推荐效果？具体实验分析详见 3.5.1 节。

（2）RQ2 与单任务学习相比，使用多任务学习训练实体推荐模型是否能显著提升实体推荐效果？具体实验分析详见3.5.2节。

(3) RQ3 与基线模型相比，我们所提出的模型是否能显著提升实体推荐效果？具体实验分析详见3.5.3节。

(4) RQ4 我们所提出的模型在不同长度的搜索会话上的实体推荐效果如何？具体实验分析详见3.5.4节。

(5) RQ5 我们所提出的深度多任务学习模型是否能提升辅助任务的效果？具体实验分析详见3.5.5节。

3.4.1 实验数据与评价指标

我们基于百度搜索引擎的搜索日志采样并构建了大规模、真实数据集，并在此之上进行实验与评价。

首先，我们从搜索会话中抽取上下文相关文档排序任务所需的训练数据。为此，我们将用户数据进行匿名化处理后，再将每个用户的连续行为数据分割成不同的搜索会话。在分割时，我们使用一个被广泛采用的搜索会话切分规则[130,131]。具体地，如果用户在30分钟后没有任何搜索行为（例如提交查询或点击搜索结果），则将当前搜索会话设置为结束并开启一个新的搜索会话。我们基于百度搜索引擎3个月的搜索日志来进行抽样，得到实验所用的搜索会话。具体地，我们使用以下方法从搜索会话中获取所需的训练数据。给定一个含有$t(t>1)$个查询的搜索会话S_t，即$S_t=\{q_1,q_2,\cdots,q_t\}$，如果用户在搜索$q_i(i>1$且$i\leqslant t)$时点击了文档

d_i^+，即可抽取出一条训练样本(C_i,q_i,D_i)。其中C_i为用户在q_i之前的搜索历史，即$C_i=\{q_1,\cdots,q_{i-1}\}$。而$D_i$则为由$d_i^+$（正例）以及$K$个随机选择的未被点击过的文档$\{d_k^-\}_{k=1,\cdots,K}$（负例）所构成的文档集合。在实验中，我们将$K$设置为3。通过上述方法，我们获得了由26 426 495个样本所构成的训练数据$\mathcal{T}_r=\{(C_i,q_i,D_i)\}$。我们将$T$随机划分成训练集$\mathcal{T}_r^l(80\%)$、验证集$\mathcal{T}_r^v(10\%)$以及测试集$\mathcal{T}_r^t(10\%)$。

然后，我们使用相同的方法从上述搜索会话中抽取出上下文相关实体推荐任务所需的训练数据。我们获得了由8 821 550个样本所构成的训练数据$\mathcal{T}_e=\{(C_j,q_j,E_j)\}$。其中$E_j$为由$e_j^+$（正例）以及$L$个随机选择的未被点击过的实体$\{e_l^-\}_{l=1,\cdots,L}$（负例）所构成的实体集合。在实验中，我们将$L$设置为3。我们将$\mathcal{T}_e$随机划分成训练集$\mathcal{T}_e^l(80\%)$与验证集$\mathcal{T}_e^v(20\%)$。在实验中，$\mathcal{T}_e^l$用于训练模型ER-C。而在训练模型ER时，$\mathcal{T}_e^l$中的上下文信息会被忽略。$\mathcal{T}_e^l$与$\mathcal{T}_r^l$则被用于训练深度多任务学习模型ER-C-MT。

因为当前实体推荐系统倾向于根据查询最常被提及的含义进行实体推荐，所以在所获得的数据集$\mathcal{T}_e$中，对于具有歧义的查询而言，其经常被提及与很少被提及的含义所对应的实体点击数据可能存在不均衡的情况。尤其对于极少被提及的含义而言，在$\mathcal{T}_e$中可能没有任何点击实体。为了更公平地对各个方法进行评价，我们需要构建均衡性更好的测试集，以缓解上述问题。虽然人工对实体与给定查询及其上下文信息的相关性进行标注是一种直接的方法，但该方法主要存在以下两方面问题：一方面，该方法的成本高昂且受限于数据规模；另一方面，人工标注员所判定的相关性与从真实用户的搜索行为中推断出的相关性间不可避免地存在偏差。因此，我们选择采用真实用户的点击数据来构建测试集并据此对各个方法进行评价。

为了构建所需测试集，我们采用随机采样的方法来获得真实用户的搜索与点击数据。具体地，给定一个上下文信息为 C_s（要求至少含有一个前序查询）的查询 q_s，当用户在搜索 q_s 时，我们从 q_s 的候选相关实体集合中随机选择一批实体推荐给该用户。在这个过程中，用户在给定 C_s 与 q_s 时是否点击了某个实体会被记录在搜索日志中。我们采样了一小部分查询与搜索用户来进行上述实验并持续运行该实验 15 天。然后，我们可以从获得的搜索日志中构建出一份由 (C_s, q_s, E_s) 所构成的数据集。其中 $E_s = \{(e_o, c_o)\}$，而 c_o 是上下文为 C_s 且查询为 q_s 时用户对实体 e_o 的累计点击次数。由于对评价不同排序模型而言没有区分度，我们过滤掉了 E_s 中所有实体点击次数都完全相同的三元组 (C_s, q_s, E_s)。通过上述方法，我们获得了由 8 402 881 个样本所构成的数据集 $\mathcal{T} = \{(C_s, q_s, E_q)\}$。我们将 $\mathcal{T}$ 随机划分成训练集 $\mathcal{T}_l$(80%)、验证集 $\mathcal{T}_v$（10%）以及测试集 $\mathcal{T}_t$(10%)。在实验中，$\mathcal{T}_l$ 与 $\mathcal{T}_v$ 分别用于训练与调优基于排序学习的实体推荐模型，而 $\mathcal{T}_t$ 则用于评价所有实体推荐模型。

我们采用 NDCG[49] 对所有方法进行评价。NDCG 是信息检索领域在评价不同排序方法的效果时所普遍使用的评价指标。为研究各实体推荐模型在不同排序位置上的效果，我们基于不同检查点上的 NDCG 值对各推荐结果的质量分别进行比较。在实验中，我们主要汇报位于 $\{1,5,10\}$ 这 3 个检查点上的评价结果。

3.4.2 基线方法

为了对比不同上下文相关实体推荐模型的效果，我们将 Fernandez-Tobias 等人[20] 提出的基于记忆的实体推荐方法作为基线。该方法基于最近邻协同过滤推荐算法[47,48]，只依赖于搜索日志中用户的过往搜索行为数据为用户推荐与搜索会话相关的实体。为方便阐述，我们将该方法记为 **MBR**。该模型同样在 $\mathcal{T}_e^l$上进行训练，并同样基于 $\mathcal{T}_t$ 进行效果评价。具体地，给定一个搜索会话 s 与候选相关实体 e，该方法的目标是估算二者相关的概率：

$$P(e \mid s) = \sum_{\bar{e} \in E(s)} P(e \mid \bar{e}) P(\bar{e} \mid s) \tag{3-10}$$

在上述公式中，$E(s)$ 为搜索会话 s 中用户点击的实体集合。$P(e \mid \bar{e})$ 为基于搜索会话中实体间的共现次数计算得到的 e 与 $\bar{e}$ 的相似度。而 $P(\bar{e} \mid s)$ 为 $\bar{e}$ 与 s 的相关度，其计算方法如下：

$$P(\bar{e} \mid s) = \sum_q P(\bar{e},q \mid s) = \sum_q P(\bar{e} \mid q,s)P(q \mid s) \quad (3\text{-}11)$$

在上述公式中，$P(\bar{e} \mid q,s)$ 为给定 s 以及 q 时 $\bar{e}$ 的重要度，而 $P(q \mid s)$ 则为搜索会话 s 中 q 的查询似然度。

3.5 实验结果与分析

本节汇报实验结果并对实验进行分析。我们基于十重交叉验证法（10-fold cross validation）进行模型效果评价。统计显著性通过配对双尾 t 检验的方式进行。在每个表中，我们对统计显著性进行了标记，并将各个指标下的最高得分用粗体进行了标记。

3.5.1 上下文信息的影响

我们通过对比实验的效果分析来回答研究问题 RQ1。具体地，我们通过对比使用了上下文信息以及未使用上下文信息的实体推荐模型的效果来进行分析。表 3-2 中的实验结果显示，ER-C 的效果显著超过 ER。这一结果表明，在进行实体推荐时考虑搜索会话中的前序查询序列，能显著提升当前查询的实体推荐效果。此外，表 3-3 中的实验结果显示，LTR-ER-C 与 LTR-ER-C-MT 的效果均显著超过 LTR 与 LTR-ER。该结果进一步表明，在实体推荐中引入上下文信息，能够显著提升推荐效果。主要原因在于，推荐实体与用户查询背后的搜索意图之间越匹配，用户越有可能对这些实体感兴趣并越有意愿进行点击。而搜索会话中的前序查询序列有助于更准确地理解当前查询背后的搜索意图，因此能够显著提升实体推荐的效果。

表 3-2　各单一实体推荐模型的实验结果

行号	方法	NDCG@1	NDCG@5	NDCG@10
1	MBR	0.019 4	0.044 4	0.064 1
2	ER	0.022 7▲(1)	0.051 4▲(1)	0.073 6▲(1)
3	ER-C	0.023 4▲(1,2)	0.051 7▲(1)	0.076 9▲(1,2)
4	ER-C-MT	**0.027 1**▲(1,2,3)	**0.057 6**▲(1,2,3)	**0.080 7**▲(1,2,3)

注：为了验证各个模型在效果提升上的显著程度，我们对不同模型的实验结果进行了 t 检验。在上表中，▲$^{(1,\cdots,m)}$ 表示与相同列中位于 1，…，m 行中所有方法相比，当前模型均达到了 $p<0.01$ 的显著性统计差异。

表 3-3　基于排序学习的实体推荐模型的实验结果

行号	方法	NDCG@1	NDCG@5	NDCG@10
1	LTR	0.121 9	0.210 3	0.250 2
2	LTR-ER	0.146 0▲(1)	0.245 4▲(1)	0.285 2▲(1)
3	LTR-ER-C	0.147 4▲(1,2)	0.247 5▲(1,2)	0.287 8▲(1)
4	LTR-ER-C-MT	**0.150 0**▲(1,2,3)	**0.250 3**▲(1,2)	**0.290 1**▲(1,2,3)

3.5.2　多任务学习与单任务学习的比较

我们通过对比实验的效果分析来回答研究问题 RQ2。具体地，我们通过对比使用多任务与单任务目标进行训练的模型的效果来进行分析。表3-2中的实验结果显示，ER-C-MT的效果显著超过ER-C。这一结果表明，在模型学习方法上，采用多任务目标（包含上下文相关文档排序与实体推荐）要显著优于采用单任务目标（只有实体推荐）。此外，表3-3中的实验结果显示，LTR-ER-C-MT的效果显著超过LTR-ER-C。该结果进一步表明使用多任务学习能显著提升上下文相关实体推荐的效果。主要原因在于，多任务学习能够通过共享表示来实现相关任务中的知识迁移。在我们所提出的深度多任务学习框架中，查询表示在上下文相关文档排序与上下文相关实体推荐这两个密切相关的任务间共享。因此，通过多任务学习框架能够利用前者中的大规模搜索日志来实现知识迁移，从而提升后者的效果。

3.5.3 实体推荐模型的比较

我们通过对比实验的效果分析来回答研究问题RQ3。我们首先对比单一实体模型的效果。表3-2中的实验结果显示，所有基于神经网络的模型均显著超过MBR。主要原因在于，MBR是一种基于记忆的实体推荐方法，只依赖于搜索日志中用户的过往搜索行为数据为用户推荐与搜索会话相关的实体，从而无法为训练集中未曾出现过的查询与实体进行实体推荐。而在实验中，统计数据显示测试集中82.22%的“查询-实体”对在训练集中未曾出现过。因此，能够为训练集中未曾出现过的新查询与新实体进行实体推荐，对于实体推荐系统而言至关重要。与 MBR 相比，基于神经网络的实体推荐模型均具备泛化能力，均能为新查询与新实体进行实体推荐。然后，我们对比基于排序学习的实体推荐模型的效果。表 3-3 中的实验结果显示，所有引入了上下文特征的实体推荐模型的效果均显著超过各自对应的未引入上下文特征的实体推荐模型的效果。例如，LTR-ER-C 与 LTR-ER-C-MT 的效果均显著超过 LTR 与 LTR-ER。主要原因在于，引入了上下文特征的实体推荐模型能够基于上下文特征对当前查询背后的搜索意图进行更准确的理解，从而能够推荐出与用户信息需求更相关的实体。

3.5.4 搜索会话长度的影响

为了回答研究问题 RQ4，我们通过对比各个模型在不同长度的搜索会话上的效果来进行分析。为此，我们参照 Sordoni 等人对搜索会话长度的划分方法[111]，将测试集 T_t 划分为以下 3 类：①含有 2 个查询的搜索会话（短），占比 17.81%；②含有 3 个或 4 个查询的搜索会话（中），占比 28.31%；③含有 4 个以上查询的搜索会话（长），占比 53.88%。表 3-4 显示了各个模型在不同长度的搜索会话上的 NDCG@10 的实验结果。从该表中的实验数据中，我们可以得出以下结论。

表 3-4　各个模型在不同长度的搜索会话上的实验结果

行号	方法	短	中	长
1	MBR	0.053 8	0.061 8	0.069 0
2	ER	0.080 4▲(1)	0.077 4▲(1)	0.069 3
3	ER-C	0.083 7▲(1,2)	0.080 6▲(1,2)	0.072 8▲(1,2)
4	ER-C-MT	0.086 5▲(1,2,3)	0.084 6▲(1,2,3)	0.076 7▲(1,2,3)
5	LTR	0.255 3	0.264 8	0.240 9
6	LTR-ER	0.289 4▲(5)	0.303 0▲(5)	0.274 6▲(5)
7	LTR-ER-C	0.293 0▲(5,6)	0.306 4▲(5,6)	0.276 3▲(5,6)
8	LTR-ER-C-MT	0.295 7▲(5,6,7)	0.308 7▲(5,6,7)	0.278 6▲(5,6,7)

注：由于页面宽度有限，这里省略了 NDCG@1 与 NDCG@5 的结果。实验结果显示，各个模型在这两个指标上的表现与在 NDCG@10 上的表现一致。

首先，ER-C-MT 在不同长度的搜索会话上均显著超过 MBR、ER 与 ER-C，而 LTR-ER-C-MT 在不同长度的搜索会话上也显著超过其他所有模型。该结果表明我们所提出的基于深度多任务学习的上下文相关实体推荐模型在不同长度的搜索会话上均能显著提升实体推荐的效果。

其次，ER-C-MT 在不同长度的搜索会话上均显著超过 ER-C，而 LTR-ER-C-MT 在不同长度的搜索会话上也显著超过 LTR-ER-C。该结果进一步表明，与单任务学习相比，在不同长度的搜索会话上，使用多任务学习均能显著提升上下文相关实体推荐的效果。

最后，与 MBR 相比，ER-C-MT 在短搜索会话上取得的提升大于在中搜索会话上取得的提升，且在中搜索会话上取得的提升大于在长搜索会话上取得的提升。该结果表明，搜索会话越长，准确进行实体推荐的难度也越大。主要原因在于，搜索会话越长，用户信息需求的类别可能越广泛，而且需求发生转移的可能性也越大，因此相应地也越难准确地理解用户的信息需求并准确地进行实体推荐。虽然我们在模型中已经使用了注意力机制来选择性地使用前序查询序列中与当前查询相关的信息，但如何更有效地识别前序查询序列中的相关查询仍然是一个具有挑战的问题。

3.5.5 上下文相关文档排序的效果

为了回答研究问题 RQ5，我们需要分析多任务学习是否有助于提升辅助任务的效果。为此，我们使用相同训练集T_r^l并基于单任务学习目标（只有上下文相关文档排序）训练了一个基于神经网络的上下文相关文档排序模型 CDR-ST，并基于相同的测试集 T_e^l对 ER-C-MT 与 CDR-ST 的效果进行评价与分析。表 3-5 中的实验结果显示，ER-C-MT 的效果显著超过 CDR-ST。这一结果表明，上下文相关文档排序任务也能从多任务学习的正则化效应中受益[118]，从而有助于缓解所学到的表示对特定任务的过拟合问题。

表 3-5 不同上下文相关文档排序模型的实验结果

行号	方法	NDCG@1	NDCG@5	NDCG@10
1	CDR-ST	0.273 5	0.484 9	0.586 0
2	ER-C-MT	**0.336 9**▲(1)	**0.544 1**▲(1)	**0.631 8**▲(1)

3.6 本章小结

本章针对目前大部分实体推荐方法只基于用户输入的单个查询进行实体推荐所存在的上下文无关的问题，提出了基于深度多任务学习的上下文相关实体推荐方法进行解决。我们所提出的多任务学习框架能够借助大规模多任务交叉数据来学习在文档排序与实体推荐这两个任务中共享的查询表示，从而借助上下文相关文档排序这一辅助任务来提升上下文相关实体推荐任务的效果。我们基于百度搜索引擎的搜索日志采样并构建了大规模、真实数据集，并在此之上进行实验与评价。实验结果表明，在实体推荐模型中引入搜索会话中的前序查询序列，能够显著提升实体推荐的效果。此外，采用多任务学习框架能够进一步提升推荐效果。

在本章的工作中，为了实验方便，我们只使用了搜索会话中的前序查询序列作为上下文信息。而实际上，用户在搜索会话中的搜索历史包含了前序查询序列及与其对应的点击数据，这些信息均能作为当前查询的上下文在实体推荐中进行考虑。因此，在未来的工作中，我们希望研究如何利用搜索会话中的全部上下文信息来提升实体推荐的效果。

第4章

基于卷积神经网络的实体对推荐理由识别

4.1 引言

当推荐实体与查询实体之间存在确定的实体关系时，将实体对推荐理由展现给用户，能够帮助用户理解推荐实体与查询实体之间的关系，从而提升推荐结果的可信度。实体对推荐理由是指能够翔实地描述给定实体对之间的关系的句子。图4-1显示了一个百度搜索引擎为查询“奥巴马”所给出的带有实体对推荐理由的实体推荐结果的示例。例如，在实体“米歇尔·奥巴马”下方所展示的实体对推荐理由“92年结婚并育有俩女儿”，提供了有关查询实体“奥巴马”与推荐实体“米歇尔·奥巴马”之间关系的描述。在相关实体推荐结果中展现实体对推荐理由能够显著提升推荐结果的可信度[22,62,63]。因此，自动为两个实体识别出合适的实体对推荐理由至关重要。

相关人物

图 4-1　带有实体对推荐理由的实体推荐结果示例

虽然可以直接用知识图谱中已存在的实体关系或通过实体关系预测[124,132-134]得到的关系类型，例如“配偶”与“子女”，对实体间关系进行注解，但这些关系类型的解释性与信息量往往不足，无法用于在前述实体推荐结果中对实体关系进行详细刻画。为了更好地描述两个实体间的关系，提供有关该关系的详细描述及佐证句子至关重要。就我们目前所知，自动为两个实体识别出合适的实体对推荐理由这一研究课题尚未得到很好的解决。

虽然使用基于模板的方法抽取或者生成实体对推荐理由是一种简捷的方法，却存在两个方面的局限。首先，使用这种方法需要为每一种实体关系人工标注一定数量的种子或模板，由于关系众多且人工标注成本高昂，该方法很难应用于大规模实体对推荐理由生成任务。其次，虽然该方法能达到很高的准确率，但由于人工标注的模板数量往往有限，因此召回率常常较低。为了解决人工标注模板存在的上述问题，

Voskarides 等人[21] 提出了基于知识图谱自动获得特定实体关系 r_k 的描述句子模板的方法。在为具备同样关系的新三元组 $\langle e_h, r_k, e_t \rangle$ 生成实体对推荐理由时，只需要在模板中将新实体对 e_h 与 e_t 及其属性填入对应的槽进行实例化即可。虽然这种方法能够有效地处理高频实体关系的描述，但不足之处在于知识图谱中实体关系与实体属性的覆盖率往往有限，会导致在实际大规模实体推荐系统应用中的召回率较低。此外，这种方法生成的句子的表达方式有限且固定，从而导致由此生成的实体对推荐理由的多样性较低。

Voskarides 等人[22] 首先对实体对推荐理由识别这一任务进行了研究，并提出了一种基于句子排序的方法来识别实体对推荐理由。具体地，该方法首先基于关键词检索获得候选句子集合，然后基于人工标注的训练数据以及人工设计的特征构建句子排序模型，从而根据候选句子是否能够准确地描述两个实体间的给定关系对其进行排序。虽然该方法在小规模数据上取得了较好的实验结果，但在应用于大规模真实任务时存在两方面的不足。首先，大规模训练数据对基于有监督机器学习方法的排序模型而言至关重要。为了训练及测试排序模型，Voskarides 等人[22] 为 1 476 个实体对人工标注了 5 689 个句子用作训练及测试数据。由于人工标注成本高昂，用这种方法构建学习神经网络模型所需的大规模训练数据太过昂贵。其次，该方法使用人工设计的特征训练排序模型。由于在特征抽取过程中不可避免地会出现错误，因此基于人工特征的排序模型的效果不可避免地会受到错误传递的影响[135]。随着近年来神经网络的兴起，许多研究者开始尝试使用神经网络自动学习特征。前人的研究结果表明，相比于人工设计的特征，基于神经网络自动学习特征的方法对关系抽取、关系分类以及句子分类等任务的效果有显著提升[135-138]。受此启发，在实体对推荐理由识别任务中，我们也采用了基于卷积神经网络（Convolutional Neural Network，CNN）的方法自动学习相关特征。

为了解决上述问题，我们提出了一种基于 pairwise（文档对）排序学习模型来识别实体对推荐理由的方法。此外，为了节省数据标注成本并提升数据规模，我们还提出了一种借助于搜索引擎点击日志自动构建大规模训练数据的方法。具体地，我们首先借助于搜索引擎点击日志中的“查询-网页标题”对自动构建大规模训练数据，用于学习我们所提出的基于 CNN 的 pairwise 排序学习模型，从而无须依靠人工标注获取训练数据。然后，我们使用 CNN 自动从大量训练样本中学习出相关特征，并使用这些自动学习的特征训练 pairwise 排序模型，从而无须进行人工特征设计。最后，我们使用训练好的排序模型，按照句子与给定实体对及其关系构成的三元组之间的语义相关度，对候选句子进行排序。实验结果表明，在识别出的实体对推荐理由的质量上，我们提出的方法显著优于所有基线方法。

4.2 问题定义

基于句子排序的实体对推荐理由识别任务解决的主要问题是为给定的实体对及其关系三元组$\langle e_h, r_k, e_t \rangle$找到一系列候选句子，然后基于这些句子是否能够准确地描述e_h与e_t间的关系r_k对其进行排序。在本章中，我们研究基于句子排序的实体对推荐理由识别任务，并将研究重点集中在如何利用卷积神经网络构建句子排序模型，从而提升排序效果。而在句子检索上，我们使用 Voskarides 等人[22] 所采用的基于关键词的检索方法。

基于句子排序的实体对推荐理由识别任务主要存在以下两方面的挑战。首先，基于有监督机器学习方法的排序模型的效果较为依赖于训练数据的数量与质量。采用人工标注数据集的方法虽然能够较好地保证数据质量，却往往受限于成本，导致标注出的数据量较为有限。虽然基于远程监督（distant supervision）的方法[139] 能够自动获得大规模训练数据，但由于受噪声影响，数据质量往往较低。主要原因在于，远程监督方法基于如下强假设来自动抽取描述实体对给定关系的句子：如果两个实体之间存在某种关系，那么任何包含该实体对的句子都有可能表述这种关系。而实际上，互联网上的网页往往噪声较大且信息质量不高，从而导致基于远程监督方法获得的训练数据的质量往往极其有限。因此，自动构建大规模且质量较高的训练数据，对该任务而言至关重要。其次，现有实体对推荐理由排序方法严重依赖于人工设计的特征[22]。由于在特征抽取过程中不可避免地会出现错误，因此基于人工特征的排序模型的效果不可避免地会受到错误传递的影响。由此可见，自动从训练样本中学习出相关特征，对于该任务的效果提升具有重要作用。针对上述两个挑战，本章分别提出了相应的解决方法，从而显著提升该任务的效果。

虽然也存在与本任务相近的其他任务，例如关系描述短语生成任务[62] 以及实体与查询共现句子排序任务[140]，但这些任务要解决的问题与本任务存在显著差异，因此无法直接采用这些任务的相关方法来解决本任务。下面对这些任务及其方法进行详细比较与分析。

Fang 等人[62] 提出了一种生成实体关系描述短语的方法。该工作解决的主要问题：给定一对实体，根据知识图谱中已有的结构化关系信息，生成一个能够描述这两个实体如何相关的描述短语。该工作还进一步通过有关“趣味”的多个特征，对枚举所生成的多个描述短语进行排序。实验结果表明，该工作能够有效地为知识图谱中存在关系的实体生成描述二者关系的短语。该方法的主要不足在于生成的描述短语的表达方式有限且信息量较少，从而导致在实际推荐系统应用中对用户的吸引力较低。

Blanco 等人[140] 提出使用检索模型，将包含给定查询与给定实体的句子检索出来，然后使用各种特征对这些句子进行排序。这种方法比较直观，但存在一个较为严重的问题：虽然检索出的句子与查询和实体是相关的，却无法确保该句子能够描述二者之间的关系。由于该工作侧重于获取与给定查询和给定实体相关的句子，而非识别能够准确描述两个实体间关系的句子，因此，该方法无法直接应用于高质量实体对推荐理由识别任务。

4.3 实体对推荐理由识别方法

4.3.1 训练数据的构建方法

大规模、高质量的训练数据对于实体对推荐理由识别任务而言至关重要。由于缺少可用的开放数据集，之前的研究工作采用人工标注的方法构建训练语料[22]。但这种方法成本高昂且构建出来的训练样本数量有限。因此，该工作的训练与评价都局限于数量很小的样本上，导致该方法很难满足大规模实际应用的需求。

为解决这一问题，我们提出了一种借助于搜索引擎点击日志自动构建大规模训练数据的方法。该方法的基本思想为：给定一个由实体对及其关系三元组$\langle e_h, r_k, e_t\rangle$所构成的查

询 q_s，如果一个用户在搜索 q_s 时，点击了一个同时包含 e_h 与 e_t 的网页标题 t，那么 t 很可能描述或部分描述了该三元组中两个实体 e_h 与 e_t 之间的关系 r_k。类似假设也广泛存在于之前基于搜索用户点击日志的相关研究工作中。例如，Zhao 等人[141] 基于一个查询与其对应点击的网页标题可能表达了相近的含义这一假设，提出使用搜索引擎点击数据中包含的“查询-网页标题”对来自动抽取同义复述对。Gao 等人[97] 基于一个查询与其对应点击的网页标题存在平行关系这一假设，提出使用搜索引擎点击数据中包含的“查询-网页标题”对，从中学习短语翻译概率，用于提升检索效果。Huang 等人[63] 也基于类似假设，自动从搜索引擎点击数据中构建出由“查询-网页标题”对所构成的大规模单语平行语料，用于训练推荐理由压缩模型。

我们进一步假设，把用户搜索 q_s 后点击的网页标题的次数进行累加后，与累计点击次数少的网页标题相比，累计点击次数更多的网页标题能更好地描述 q_s 中包含的对应三元组中两个实体 e_h 与 e_t 之间的关系 r_k。表 4-1 给出了与查询“刘德华妻子朱丽倩”（其中 e_h = 刘德华，r_k = 妻子，e_t = 朱丽倩）对应的网页标题示例及其累计点击次数[⊖]。从这些示例中可以看出，累计点击次数更多的网页标题能够更好地描述这两

⊖ 为了遵守公司相关政策，我们对各个网页标题的累计点击次数进行了归一化处理。

个实体间的给定关系。这些样本用于训练时，关于这类关系的佐证或线索词就能被自动学习出来。例如，与标题 t6 和 t7 中的词“照片”以及“背景”相比，标题 t1、t2、t3 以及 t4 中包含的“承认与……已经结婚”“结婚已经 2 年”“已秘密结婚”以及“恋人关系”，能更好地描述及佐证两人之间的“妻子”关系。

表 4-1 查询“刘德华妻子朱丽倩”对应的网页标题示例及其累计点击次数

编号	网页标题	累计点击次数
t1	刘德华承认与朱丽倩已经结婚	39
t2	刘德华与朱丽倩结婚已经 2 年多了	23
t3	刘德华与朱丽倩已秘密结婚	10
t4	刘德华承认了与朱丽倩之间的恋人关系	5
t5	朱丽倩等待了刘德华多长时间	1
t6	刘德华老婆朱丽倩的经典照片	0
t7	刘德华老婆朱丽倩的背景	0

Dou 等人[101] 的研究表明，对于给定的查询 q_s，相比于累计点击次数少或没有点击的网页标题，累计点击次数多的网页标题与该查询更相关。此外，q_s 由三元组$\langle e_h, r_k, e_t\rangle$所构成，且其对应点击的网页标题中包含了该三元组中的两个实体 e_h 与 e_t。因此，与 q_s 更相关的网页标题相应地也能更好地描述 q_s 中包含的两个实体 e_h 与 e_t 之间的关系 r_k。基于这一观察，构建 pairwise 排序模型所需的训练数据，关键在于如何从点击数据中抽取出对级相关性偏好（pairwise relevance preferences)。Joachims 等人[142] 与 Agichtein 等人[143] 的研究均表明点击数据能够用于预测搜索结果间的相对相关性偏好。Agichtein 等人[143] 的研究进一步表明，只依靠点击策略就能达到很高的准确率，且召回率能够通过增加日志天数得到快速提升。因此，我们在实验中使用了 6 个月的搜索引擎点击日志来抽取对级相关性偏好。Dou 等人[101] 对如何利用累计点击数据来学习网页结果排序模型的问题进行了研究。其结果表明，从点击日志中自动抽取出的对级相关性偏好，与人工判别的相关性偏好相比，只存在微弱差异。此外，与使用人工判别的相关性偏好作为训练样本训练出的排序模型相比，直接使用自动抽取的对级相关性偏好作为训练样本训练出的排序模型，能够获得更好的排序效果。在实验中，我们采用 Dou 等人[101] 提出的方法自动抽取出学习排序模型所需的训练样本。该方法的基本思想为：对于一个给定查询，如果某个网页标题的累计点击次数超过另外一个网页标题，即可从中生成一个对级（pairwise）训练样本。该方法对应的详细策略如下：

令 $\mathrm{cdif}(q_s,t_i,t_j)=\mathrm{click}(q_s,t_i)-\mathrm{click}(q_s,t_j)$，其中 $\mathrm{click}(q_s,t)$ 为给定查询 q_s 所对应的网页标题 t 的累计点击次数，$\mathrm{cdif}(q_s,t_i,t_j)$ 为 q_s 所对应的两个网页标题 t_i 与 t_j 之间累计点击次数的差值。如果 $\mathrm{cdif}(q_s,t_i,t_j)>0$，那么一个用于学习排序模型的相关性偏好样本 $\mathrm{rel}(q_s,t_i)>\mathrm{rel}(q_s,t_j)$ 即可被抽取出来。

4.3.2 基于卷积神经网络的排序模型

为了更好地对实体对推荐理由进行排序，我们提出了一种使用 CNN 自动从训练样本中学习相关特征的 pairwise 排序模型（为方便阐述，我们将其记为 PR-CNN），下面对该模型进行详细介绍。

图 4-2 给出了我们所提出的 pairwise 排序模型的网络结构。该网络的输入为一个由查询 $q_s=\langle e_h,r_k,e_t\rangle$ 以及一对网页标题 t_i 与 t_j 所构成的三元组 $\langle q_s,t_i,t_j\rangle$。其中，$q_s$、$t_i$ 以及 t_j 独立地输入 3 个带有相同结构及参数的 CNN 网络，q_s 以 e_h r_k e_t 的顺序连接而成。该三元组也刻画了两个网页标题 t_i 和 t_j 与查询 q_s 之间的相对相关性：这里我们假设 $\mathrm{rel}(q_s,t_i)>\mathrm{rel}(q_s,t_j)$，即与 t_j 相比，t_i 与 q_s 更相关，这也表示 t_i 能更好地描述 q_s 中所包含的两个实体 e_h 与 e_t 之间的关系 r_k。给定一个三元组 $\langle q_s,t_i,t_j\rangle$，我们的目标是学习出一个表示函数 $v(\cdot)$，并使用 $v(\cdot)$ 将 q_s、t_i 以及 t_j 分别转换为对应的向量表示 $\boldsymbol{v}(q_s)$、$\boldsymbol{v}(t_i)$ 以及 $\boldsymbol{v}(t_j)$，然后用获得的向量表示计算出 q_s 与 t_i 之间以及 q_s 与 t_j 之间的相似度，使得与 q_s 更相关的 t_i 能得到更高的相似度得分，即：

$$S(\boldsymbol{v}(q_s),\ \boldsymbol{v}(t_i)) > S(\boldsymbol{v}(q_s),\ \boldsymbol{v}(t_j)),$$
$$\forall q_s,t_i,t_j \text{ 给定 } \mathrm{rel}(q_s,t_i) > \mathrm{rel}(q_s,t_j) \tag{4-1}$$

上述公式中的相似度计算方法 $S(\cdot,\cdot)$ 采用的是余弦相似度，用于衡量二者在语义上的相关性。

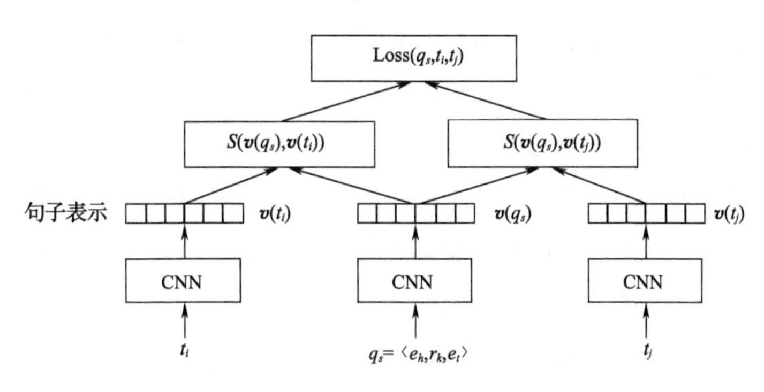

图 4-2　pairwise 排序模型网络结构

由于 q_s 与 t_i 之间以及 q_s 与 t_j 之间的相关性得分体现的是 t_i 与 t_j 的相对排序，因此，我们在该网络的最上层采用了一个损失函数对此进行估算。这里所采用的损失函数为间隔排序损失（margin ranking loss）[144]，是对 0-1 排序错误损失的一个凸逼近（convex approximation）。该损失函数定义如下：

$$\text{Loss}(q_s,t_i,t_j) =$$
$$\max(0,1-S(\boldsymbol{v}(q_s),\boldsymbol{v}(t_i))+S(\boldsymbol{v}(q_s),\boldsymbol{v}(t_j)))\quad(4\text{-}2)$$

排序层没有任何参数。在学习时，该层估算出模型给出的排序与三元组给定的排序之间的不一致情况，并将梯度反向传播给更低的层，以便这些层能够调整各自的参数，使得排序损失不断得到优化。

图 4-3 显示了用于句子表示学习的 CNN 网络结构。给定一个句子 s，我们使用 CNN 来获得 s 的分布式表示 $\boldsymbol{v}(s)$。首先，我们通过词嵌入将句子中的所有词转换为对应的向量

表示形式，用于获得词的语义信息。然后，在卷积层，多个卷积核在一个长度为 h（图 4-3 中示例所用的值为 3）的滑动窗口上进行卷积运算，用于从句子中抽取出一系列局部特征。为了确保卷积运算能够作用到输入矩阵的每一个单元，在进行卷积前，输入的首尾处均进行了边界补零（zero-padding）。卷积核在神经网络训练阶段自动学习得到。接下来，最大池化层从池化区域中选择最大值，只保留卷积层所产生的局部特征中最有用的局部特征。最后，上一步的输出被传入一个全连接层，从而对这些局部特征进行非线性变换。变换时使用的激活函数为 sigmoid。

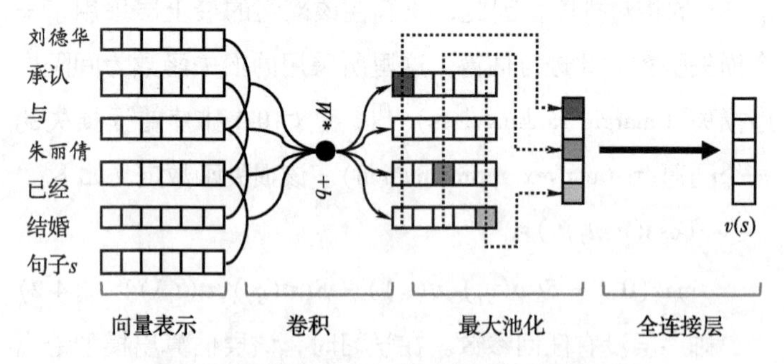

图 4-3　用于句子表示学习的 CNN 网络结构

图 4-2 所示网络的训练方法如下。给定由一系列三元组所构成的训练集 $\mathcal{P}=\{(q_s,t_i,t_j)\}$，通过最小化以下目标函数学习得到表示函数 $v(\cdot)$：

$$\min_{W}\sum_{(q_s,t_i,t_j)\in\mathcal{P}}\mathrm{Loss}(q_s,t_i,t_j)+\lambda\|W\|^2 \tag{4-3}$$

上述公式中的 λ 为正则参数，用于提升学习到的排序模型的泛化能力。W 是表示函数 $v(\cdot)$ 的参数。为了避免神经网络过拟合，dropout[145] 被应用于所有全连接层（dropout = 0.5），L2 正则被应用于神经网络权值。

训练完成后，我们可以使用学习得到的表示函数 $v(\cdot)$ 将句子转换成与其对应的潜在语义空间中的向量表示。给定一个测试查询 q_t 及其候选句子集合 $S_t=\{s_1,s_2,\cdots,s_n\}$，我们首先使用 $v(\cdot)$ 生成 q_t 以及各候选句子的语义表示。然后计算出每个候选句子 s_i 与 q_t 之间的语义相似度后，即可按照语义相似度得分对 S_t 中的候选句子进行排序。测试时，候选查询 q_t 的生成方式与训练时一致，均以 $e_ir_ke_j$ 的顺序连接而成。

4.4 实验设置

本节主要介绍实验设计、实验数据、基线方法、评价指标以及参数设置。为了与之前实体对推荐理由识别工作[22]保持一致，我们也采用“人物”类实体及其关系进行实验与评价。

本章的主要目标是研究基于卷积神经网络的 pairwise 排序模型在实体对推荐理由排序上的效果。为此，我们将围绕以下 3 个研究问题来指导实验的设计与分析。

（1）RQ1 与基于人工设计特征的排序方法相比，基于卷积神经网络自动学习相关特征的排序方法是否能显著提升实体对推荐理由的排序效果？具体实验分析详见 4. 5. 1 节。

（2）**RQ2** 与基于 pointwise 的排序方法相比，基于 pairwise 的排序方法是否能显著提升实体对推荐理由的排序效果？具体实验分析详见 4. 5. 2 节。

（3）**RQ3** 与基线模型相比，我们所提出的模型是否能显著提升实体对推荐理由的排序效果？具体实验分析详见 4. 5. 3 节。

4. 4. 1 实验数据

首先介绍训练数据的构建过程。使用 4. 3. 1 节中提出的训练数据构建方法，我们从搜索点击日志中获得了用于训练 pairwise 排序模型的样本，共计 1 596 489 个（记为 $\mathcal{P}_r$）。在实验中，我们采用 Huang 等人[146] 所使用的方法，对于给定查询，将点击过的网页标题视为正样本，而将未点击过的网页标题视为负样本。通过这种方法，我们从相同的搜索点击日志中，共获得了 71 536 个正样本以及 131 334 个负样本（记为 $\mathcal{P}_t$），用于训练 pointwise 排序模型。

接下来介绍测试集的构建过程。首先，我们从百度知识图谱中随机抽取了 2 万个“人物”类实体及其关系构成的三元组。为了获得客观的实验结果，我们从中过滤掉了在训练数据中出现过的三元组。过滤后还剩下 9 702 个三元组。为方便阐述，我们将其记为 $R=\{\langle e_i, r_k, e_j\rangle\}$，其中 e_i 与 e_j 是一对实体，r_k 为二者之间的关系。然后，我们从全球最大中文百科全书——百度百科中为每个三元组检索出与其对应的候选实体对推荐理由。在进行句子检索时，要求候选句子必须同时包含两个实体 e_i 与 e_j，并包含 r_k 或者包含一个与 r_k 相关的词。在这里，与 r_k 相关的词是其同义词，或者是在语义上与其相关的词。在实验中，我们对相关的定义为两个词的词向量[147] 间的语义相似度大于 0。经过检索，我们为 R 中的所有三元组获得了 8 461 个对应的候选句子。然后，3 个数据评价员分别针对每个三元组，为其所对应的各候选句子，按照以下 5 个相关性等级进行质量评分：perfect、excellent、good、fair 以及 bad。质量评分的依据为一个句子在多大程度上对两个实体的给定关系做出了描述与佐证。为了检查数据评价员的评分结果间的一致性，我们对其 kappa 值[148] 进行了计算。结果显示 kappa 值为 0.65，根据文献 [149] 中对一致性的划分，这表明不同结果间的一致性为高度吻合（K：0.61~0.8）。在实验中，对于所有句子，我们只保留了 3 个评价员所给出的 3 个质量评分中至少有 2 个质量评分一致的句子。经过筛选后，一共有 8 046 个句子符合此条件。最后，参照信息检索评价中普遍采用的做法，我们移除了 R 中候选句子个数小于 2 的三元组。此外，由于对评价不同排序模型而言没有区分度，我们也过滤掉了所有候选句子质量打分都完全相同的三元组。经过过滤，一共有 921 个三元组符合要求，其对应的候选句子总数为 4 771，该数据集被作为实验所用的测试集（记为 T）。经统计，T 一共涵盖了 69 种不同的关系，而单个三元组所对应的候选句子数最少为 2 个，最多为 45 个，平均为 5.2 个。在所有的相关性等级中，perfect 占比为 17.77%，excellent 占比为 6.08%，good 占比为 24.36%，fair 占比为 11.38%，bad 占比为 40.41%。

4.4.2 基线方法

在实验中，我们采用以下 3 个基线方法对我们所提出的方法进行对比评价。

（1）**B1-RF** 该基线方法为 Voskarides 等人[22] 所提出的基于句子排序的方法。该方法基于人工标注的数据以及人工设计的特征训练 pointwise 排序学习模型，对候选实体对推荐理由进行排序。

（2）**B2-TR** 为了回答研究问题 RQ1 与 RQ2，我们需要一个基于 CNN 自动学习相关特征的 pointwise 排序模型[150] 作为对比模型。为此，我们采用与 PR-CNN 相同的损失函数训练了一个上述模型用于对比分析。

（3）**B3-GB** 为了回答研究问题 RQ1 与 RQ2，我们还需要一个基于人工特征的 pairwise 排序模型作为对比模型。为此，我们采用与 B1-RF 相同的人工特征以及与 PR-CNN 相同的损失函数训练了一个基于 GBRank[151] 的 pairwise 排序模型用于对比分析。

在实验中，为了获得各个模型的最优参数，我们将训练

数据 $\mathcal{P}_r$ 随机划分成训练集 $\mathcal{P}_r^t$(80%) 与验证集 $\mathcal{P}_r^v$(20%)。$\mathcal{P}_r^t$ 用于训练 pairwise 排序学习模型 PR-CNN 和 B3-GB，而$\mathcal{P}_r^v$ 则用于对这两个模型的参数进行调优。此外，$\mathcal{P}_t$ 也被随机划分成训练集 $\mathcal{P}_t^t$(80%) 与验证集 $\mathcal{P}_r^v$(20%)，分别用于训练 pointwise 排序学习模型 B1-RF 和 B2-TR，以及优化这两个模型的参数。

我们采用网格搜索（gridsearch）的方法，从给定的参数空间中确定各个模型的最优超参数。B1-RF 的参数搜索范围如下：树的数目为{100,200,…,1 000}，子采样率与样本采样率均为{0.1,0.2,…,1.0}。B3-GB 的参数搜索范围如下：树的数目为{200,250,…,1 000}，学习率为{0.000 1,0.001,0.01,0.1}，树的深度为{3,4,5}。对于 B2-TR 和 PR-CNN，超参数的搜索范围如下：SGD 学习率为{0.000 1,0.001,0.01,0.1}，词嵌入与句子表示的维数均为{50,100,…,300}，滑动窗口大小为{1,3,5,7}，批处理大小（batch size）为{64,128,…,1 024}。为了获得各个模型的最优超参数，我们使用各模型在某组给定参数下在对应验证集上的 NDCG 得分来评价该模型的效果。最终，在验证集上效果表现最好的一组参数被确定为各个模型的最优参数。经过参数调优后，实验中各个模型最终所采用的超参数如下。对于 B1-RF，各参数的设置如下：树的数目为 100，子采样率为 0.9，样本采样率为 0.1。对于 B3-GB，各参数的设置如下：树的数目为

1 000，学习率为 0.1，树的深度为 5。对于 B2-TR 和 PR-CNN，超参数的设置如下：批处理大小均为 256，学习率均为 0.01，滑动窗口大小均为 3，句子表示的维数均为 200，而在词嵌入的维数上，B2-TR 为 150，PR-CNN 为 200。

4.4.3 评价指标

与之前实体对推荐理由识别工作[22] 保持一致，我们也使用了以下 3 种指标对各个方法进行评价：NDCG[49]、ERR[152]、Exc@1 以及 Per@1。NDCG 与 ERR 是信息检索领域在评价不同排序方法的效果时普遍使用的评价指标。Exc@1 与 Per@1 是本任务相关的评价指标，用于检验一个排序模型是否能够很好地将高质量句子（相关性标记为 perfect 或 excellent 的句子）排到首位。

4.5 实验结果与分析

在实验中，我们使用 3 个基线方法以及我们所提出的方法，分别对测试集 T 中的每一个三元组所对应的句子进行排序。在本节中，我们对这些方法的效果进行对比，并对 4.4 节中提出的 3 个研究问题进行分析与讨论。

表 4-2 给出了各种方法的实验结果。表中加粗的结果表示与各个评价指标对应的最优结果。

表 4-2 各种方法的排序效果

方法	NDCG@1	NDCG@10	ERR@1	ERR@10
B1-RF	0.454 9	0.749 6	0.249 2	0.419 8
B2-TR	0.546 6	0.799 9	0.359 3	0.499 5
B3-GB	0.563 9	0.811 9	0.344 8	0.492 9
PR-CNN	**0.628 5**	**0.837 0**	**0.374 7**	**0.512 1**

4.5.1 人工设计特征与自动学习特征的比较

我们通过对比实验的效果来回答研究问题 RQ1。具体地，我们通过对比基于人工设计的特征的排序模型的效果与基于卷积神经网络自动学习的特征的排序模型的效果来进行分析。表 4-2 中的实验结果显示，B2-TR 在 NDCG 和 ERR 两个指标上均显著超过 B1-RF，且 PR-CNN 的排序效果也显著超过 B3-GB。在特征上，B1-RF 与 B3-GB 均使用了丰富的人工特征，而 B2-TR 与 PR-CNN 均使用 CNN 自动学习相关特征。这一结果表明，无论采用哪种排序学习方法（基于 pointwise 或基于 pairwise），在实体对推荐理由排序任务上，基于自动学习特征的排序模型都要显著优于基于人工特征的排序模型。这也说明基于卷积神经网络自动学习特征能显著提升实体对推荐理由的排序效果。特别地，在只评价位于首位的排序结果的质量的情况下，即在 NDCG@ 1 和 ERR@ 1 上，PR-CNN 与 B2-TR 也分别显著超过 B3-GB 与 B1-RF。这表明在每个实体对只能展示一个实体对推荐理由的情况下，基于自动学习特征的排序模型显著优于基于人工特征的排序模型。主要原因在于，基于人工特征的排序模型的效果严重依赖于人工设计的特征的质量，而在特征抽取过程中不可避免地会出现错误。因此，使用人工特征的排序模型的效果不可避免地会受到错误传递的影响。相比之下，基于自动学习特征的排序模型能够借助于 CNN 自动从大量训练样本中学习得到相关特征，从而能够有效缓解在传统特征抽取方法中出现的错误传递问题[135]。

4.5.2 基于 pointwise 与基于 pairwise 的排序方法的比较

我们通过对比实验的效果来回答研究问题 RQ2。具体地，我们通过对比基于 pointwise 与基于 pairwise 排序学习方法训练出的模型的效果来进行分析。表 4-2 中的实验结果显示，PR-CNN 在 NDCG 和 ERR 两个指标上均显著超过 B2-TR，且 B3-GB 的排序效果也显著超过 B1-RF。在排序学习方法以及训练数据上，PR-CNN 与 B3-GB 均为在相同训练集 $\mathcal{P}_t$ 上基于 pairwise 排序学习方法训练得到的模型，而 B2-TR 与 B1-RF 均为在相同训练集 $\mathcal{P}_t$ 上基于 pointwise 排序学习方法训练得到的模型。这一结果表明，无论采用哪种特征抽取方法（人工设计特征或自动学习特征），在实体对推荐理由排序任务上，基于 pairwise 的排序模型都要显著优于基于 pointwise 的排序模型。这也说明，与基于 pointwise 的排序学习方法相比，基于 pairwise 的排序学习方法更适用于本任务。特别地，在只评价位于首位的排序结果的质量的情况下，即在 NDCG@1 和 ERR@1 上，PR-CNN 与 B3-GB 也分别显著超过 B2-TR 与 B1-RF。这表明在每个实体对只能展示一个实体对推荐理由的情况下，基于 pairwise 的排序学习方法显著优于基于 pointwise 的排序学习方法。主要原因在于，由绝对相关性判别方法得到的点级（pointwise）训练数据的准确率不可避免地会受到点击数据中存在的噪声数据的影响[153]。相比之下，由相对相关性判别方法得到的对级（pairwise）训练数据，其网页标题之间存在诸多的细微差异，而这些差异有助于学习出一个更准确、更稳定的排序模型。相似的问题在 Joachims 等人的工作中[154] 也被研究过。其研究结果表明，从点击日志中抽取偏好数据时，与基于绝对相关性偏好的方法相比，基于相对相关性偏好的方法更为准确。由于基于 pairwise 的排序学习方法能够有效利用训练数据中的相对相关性偏好信息[155]，因此能更好地对句子间的相对顺序进行建模。

4.5.3 本方法与三种基线方法的比较

我们通过对比实验的效果来回答研究问题 RQ3。我们从以下几个方面对不同实体对推荐理由排序模型的效果进行对比与分析。

首先，我们对比不同模型的整体排序质量。表 4-2 中的实验结果显示，PR-CNN 在 NDCG 和 ERR 上均显著超过其他

3 个稳健的基线方法，并在所有指标上都取得了最高得分。这一结果表明，PR-CNN 在实体对推荐理由排序任务上比所有基线方法更为有效。此外，PR-CNN 在效果上显著超过之前研究工作中提出的方法 B1-RF，这表明我们所提出的方法能大幅提升实体对推荐理由识别任务的效果。主要原因在于，基于搜索日志中的点击数据自动构建大规模训练数据并基于卷积神经网络自动从中学习相关特征，能够有效解决该任务中存在的两个挑战，从而显著提升排序效果。

其次，我们对比不同模型在任务相关的评价指标上的效果。一方面，表 4-2 中的实验结果显示，PR-CNN 在评价指标 NDCG@1 和 ERR@1 上均显著优于所有基线方法。这一结果表明，PR-CNN 能更好地将质量较高的句子排到首位。另一方面，为了深入分析不同三元组的效果，我们将测试集 T 中的所有三元组按照相关性等级进行了分组。分组依据为一个三元组所对应的候选句子中是否有句子拥有某个给定的相关性等级。表 4-3 给出了 PR-CNN 与最优基线方法 B3-GB 在不同相关性分组上的实验结果。实验结果显示，PR-CNN 在 perfect、excellent、Exc@1 和 Per@1 上均显著优于 B3-GB。这一结果表明，在拥有至少一个高质量候选句子的三元组上，PR-CNN 对句子的排序效果要显著优于 B3-GB。该实验结果也表明，与所有基线方法相比，在将质量更高的句子排到首位这一任务相关的评价指标上，PR-CNN 都取得了最好的效果。这也表明，如果要将所识别出的实体对推荐理由实际应用到实体推荐结果，在每个实体对只能展示一个实体对推荐理由的情况下，PR-CNN 能够提供质量最高的句子。

表 4-3 PR-CNN 与最优基线方法 B3-GB 在不同相关性分组上的实验结果

相关性等级	三元组数量	句子数量	方法	NDCG@1	NDCG@10	ERR@1	ERR@10	Exc@1	Per@1
perfect	549	3 098	B3-GB	0.608 4	0.835 2	0.494 3	0.682 5	0.511 8	0.464 5
			PR-CNN	**0.659 4**	**0.853 8**	**0.528 9**	**0.704 5**	**0.550 1**	**0.488 2**
exce-llent	251	1 267	B3-GB	0.592 0	0.832 1	0.335 7	0.501 9	0.474 1	—
			PR-CNN	**0.667 7**	**0.861 6**	**0.378 7**	**0.532 2**	**0.577 7**	—
good	607	3 544	B3-GB	0.569 9	0.808 3	0.318 9	0.463 3	—	—
			PR-CNN	**0.613 5**	**0.828 3**	**0.333 1**	**0.477 3**	—	—
fair	266	1 859	B3-GB	0.518 2	0.772 8	0.270 7	0.415 0	—	—
			PR-CNN	**0.566 7**	**0.800 7**	**0.295 3**	**0.438 4**	—	—

再次，我们调研借助于搜索点击日志所训练出的排序模型 PR-CNN 能否应用到从网页中检索出的实体对推荐理由排序上，从而帮助我们从网页中获取大规模且具有一定质量的实体对推荐理由。为此，我们使用 4.4 节中给出的句子检索方法，从 6 亿多个网页中为测试集 T 中的每一个三元组抽取出 1 000 个候选句子。然后用训练好的 3 个基线模型以及 PR-CNN 为每个三元组所对应的句子进行排序。最后我们基于 4.4 节中给出的评价指标与评价方法，对每个三元组及其排在首位的句子进行人工评价，随后计算出各个相关性等级上的占比情况。表 4-4 给出了该项评价的结果。从实验结果中我们可以看出，相比于 3 个基线方法，PR-CNN 在 perfect

与 excellent 上均取得了最高得分。该结果表明 PR-CNN 同样能够更好地对网页中检索出的实体对推荐理由进行排序。

表 4-4　不同方法对网页中检索出的实体对推荐理由的排序效果

方法	perfect	excellent	good	fair	bad
B1-RF	13.03%	11.40%	42.13%	6.19%	27.25%
B2-TR	15.64%	9.23%	39.30%	6.19%	29.64%
B3-GB	22.15%	9.56%	36.70%	5.21%	26.38%
PR-CNN	**24.43%**	**12.81%**	36.27%	7.71%	18.78%

最后，我们结合一些具体的示例对我们提出的方法进行对比与分析。图 4-4 给出了 3 个基线方法以及 PR-CNN 对 2 个给定三元组的所有候选句子进行排序后排在首位的结果。从结果中我们可以看出，对于这些给定的三元组示例，PR-CNN 成功地将质量为 perfect 的句子排到了首位。这表明 PR-CNN 能够从诸多的训练样本中自动学习出对某种特定关系进行描述以及佐证的短语。例如，在示例 a 中，相比于词语

示例 a
三元组：〈吴奇隆，前妻，马雅舒〉
实体对推荐理由
B1-RF/B2-TR： 2001 年吴奇隆和马雅舒通过拍摄《萧十一郎》相识。
B3-GB：同年 8 月 11 日，吴奇隆与马雅舒正式办理离婚手续。
PR-CNN： 2009 年 8 月 11 日马雅舒与吴奇隆正式办理离婚手续。

示例 b
三元组：〈李敖，女儿，李文〉
实体对推荐理由
B1-RF/B2-TR/B3-GB：李敖得知很高兴，给她取名李文。
PR-CNN：李文是李敖与当年台大校花王尚勤的女儿，是李敖的长女。

图 4-4　不同方法的首位排序结果示例

“相识”，“正式办理离婚手续”能够更好地对两人之间存在的“前妻”这一关系做出描述及佐证。而在示例 b 中，相比于“取名”，关系描述词“长女”为两人之间存在的“女儿”这一关系提供了更加详细的佐证。

我们也对失败的情况进行了分析。图 4-5 给出两个典型的示例。在这两个示例中，PR-CNN 排在首位的句子的质量都不是 perfect 和 excellent。分析结果显示，PR-CNN 未能将高质量句子（相关性标记为 perfect 或 excellent 的句子）排到首位的情况中，存在以下两类典型问题。首先，测试集中有 25.84%的三元组没有高质量候选句子。这表明句子检索方法的效果存在较大的优化空间。其次，在测试集中存在至少一个高质量候选句子的三元组中，有 46.12%的三元组，PR-CNN 并未将其对应的高质量句子排到首位。这表明我们所提出的实体对推荐理由排序方法的效果还存在提升空间。我们计划在未来工作中对这两个问题进行深入研究。

示例 c
三元组：〈曹颖，丈夫，王斑〉
实体对推荐理由
PR-CNN：在王斑心中，曹颖是一个电视上和生活中区别不大的人。
perfect 或 excellent 的句子：N/A

示例 d
三元组：吴奇隆，妻子，刘诗诗
实体对推荐理由
PR-CNN：2013 年，吴奇隆与刘诗诗在拍摄电视剧《步步惊情》时因戏生情。
perfect 的句子：2015 年 1 月 20 日，吴奇隆在微博晒出结婚证，公开与刘诗诗的喜讯。

图 4-5　PR-CNN 排在首位但非高质量句子的示例

4.6 本章小结

本章提出了一种基于卷积神经网络与 pairwise 排序模型的实体对推荐理由识别方法，以及一种借助于搜索引擎点击日志自动构建大规模训练数据的方法。该方法能够有效解决之前实体对推荐理由识别方法[22] 中存在的两大问题。首先，我们借助于搜索引擎点击日志自动构建大规模训练数据，从而解决了采用人工标注方法存在的成本高昂且标注出的样本数量有限的问题。其次，我们提出了一种基于 CNN 自动进行特征学习的 pairwise 排序模型，能够有效解决采用人工设计特征的方法在效果上受特征抽取过程中出现的错误传递或堆积问题的影响的问题。实验结果表明，在识别出的实体对推荐理由的质量上，我们提出的方法显著优于所有基线方法。

在未来的工作中，我们希望进一步研究我们所提出的方法在其他类型的实体及其关系上的效果。我们也希望探索如何对实体间不断变化的关系进行描述。此外，如果要将所识别出的实体对推荐理由应用于搜索引擎的实体推荐结果中，还需要对句子的质量与可读性等方面进行优化。

第 5 章

基于机器翻译模型的实体推荐理由生成

5.1 引言

当推荐实体与查询之间不存在可归类的关系时，将实体推荐理由展现给用户，能够帮助用户理清当前实体与查询间的关联，从而提升推荐结果的可信度。实体推荐理由是指描述了一个实体独特之处的简短、精炼的自然语言表述。例如“第 44 任美国总统”是人物“贝拉克·奥巴马”的实体推荐理由，因为该短语以简短、精炼的方式描述了该人物的知名成就之一。图 5-1 显示了百度搜索引擎为查询“老布什”所给出的带有实体推荐理由的实体推荐结果示例。在该示例中，每个实体下方均展示了与之对应的实体推荐理由，例如在实体“唐纳德·特朗普”下方展示的是“第 45 任美国总统”。从中可以看出，在实体推荐结果下方展现实体推荐理由，能够让用户快速了解推荐实体的特点或关键信息，从而帮助用户理清这些实体与自己所输入的查询之间存在的关系或联系，因此有助于提升实体推荐结果的可信度[24,63]。

图 5-1 带有实体推荐理由的实体推荐结果示例

在本章中，我们研究实体推荐理由生成任务，即自动从一个描述给定实体信息的句子中生成能够刻画该实体特点的简短描述。仍然以“贝拉克·奥巴马”为例，给定一个描述该实体信息的句子：“贝拉克·奥巴马是美国政治人物，从2009年至2017年任第44任美国总统。”我们的目标是根据该句子为给定实体生成一个包含5个词的自然语言表述——“第44任美国总统”。为此，我们提出了两种基于机器翻译模型的实体推荐理由生成方法：基于统计机器翻译模型（Statistical Machine Translation，SMT）的方法以及基于神经机器翻译模型（Neural Machine Translation，NMT）所广泛采用的序列到序列学习（Sequence-to-Sequence learning，Seq2Seq）[156]的方法。序列到序列学习近年来被广泛应用于与序列生成相关的任务并取得了显著效果，例如神经机器翻译[156-161]以及文本摘要[71-73,162,163]。受此启发，在实体推荐理由生成任务中，我们也使用了基于序列到序列学习的模型。具体地，基于 Seq2Seq 的实体推荐理由生成模型包含一个编码器（encoder）与一个解码器（decoder）。编码器用于获得源句子的隐藏状态，而解码器则用于从上述隐藏状态中生成实体推荐理由。首先，为了确定源句子中与实体独特之处相关的描述信息，我们在解码过程中使用了注意力机制（attention mechanism）[157,164,165]，从而选择性地关注源文本中的某些重要或关键片段。其次，为了保留源句子中的重要词，我们在解码过程中还引入了复制机制（copy mechanism）[73,166-170]，从而选择性地将源文本中的适当部分进行复制。再次，为了缓解生成重复词的问题，我们在 Seq2Seq 模型中还使用了覆盖机制（coverage mechanism）[73,158,159]。最后，我们还将实体名作为辅助信息引入解码过程中，以指引模型生成与给定实体相关的结果。

Seq2Seq 模型的效果较为依赖于训练数据的数量与质量。由于缺少面向该任务的大规模、高质量的开放数据集，而人工标注数据集的方式成本高昂且标注的数据量也往往有限，因此，我们借助于在线百科全书——百度百科自动构建了一个包含 79 万多条样本的训练集，并通过人工标注构建了一个包含 1 000 条样本的测试集。我们进行了全面的实验调研和详尽的模型分析，并与多个稳健的基线方法进行了比较。我们采用了 BLEU、ROUGE 以及人工评价这 3 种方法对实验结果进行了评价。实验结果表明，基于神经机器翻译模型的实体推荐理由生成方法显著优于基于统计机器翻译模型的实体推荐理由生成方法，并且使用了注意力机制、复制机制以及覆盖机制的模型能够生成流畅且可用的实体推荐理由。消融实验（ablation study）与实例分析的结果表明，在不同评价指标下，复制机制与覆盖机制对实体推荐理由生成模型的效果均有显著提升。此外，将实体名作为辅助信息引入生成模型中能进一步显著提升模型的效果。

5.2 问题定义

实体推荐理由生成任务解决的主要问题为：给定一个实体 e 及其描述句子 sent，生成一个与 e 相关且能描述其独特之处的简短、精炼的自然语言表述 eh。实体推荐理由生成任务主要存在以下 3 方面的难题。首先，源句子中的不同词在描述给定实体独特之处时的重要程度存在差异。因此，如何有效地从源句子中选出用于生成一个流畅序列的重要信息，是需要我们克服的第一个难题。其次，对于源句子中那些刻画了给定实体重要特征的词，即重要词，在生成实体推荐理由时应该予以保留。重要词可能是高频词，也可能是低频词。例如，在前述示例中，重要词“总统”及“44”分别为高频词和低频词。因此，如何在生成实体推荐理由时保留源句子中的重要词，成为我们面临的另外一个难题。最后，从源句子中生成的推荐理由需要与给定的实体相关。因此，如何在模型中使用实体信息对生成过程加以辅助与指引，从而生成与该实体相关的推荐理由，成为我们要克服的第三个难题。针对上述 3 个难题，本章分别提出了相应的解决方法，从而显著提升该任务的效果。

文本摘要（text summarization）任务与实体推荐理由生成任务较为接近。文本摘要方法大致可以划分为两类：抽取式文本摘要（extractive summarization）和生成式文本摘要（abstractive summarization）。抽取式文本摘要方法侧重于从源文本中抽取出多个重要的句子或短语，然后再将其连接起来形成摘要[171-175]。而生成式文本摘要方法则侧重于根据源文本内容生成一个与其含义相同的摘要[71-73,162,176,177]。虽然文本摘要任务与实体推荐理由生成任务均致力于从源文本中生成出更简短且能保留其中重要信息的结果，但二者之间存在显著差异。首先，文本摘要侧重于从给定文本中生成出能够概括原文核心内容的摘要。而实体推荐理由生成任务则侧重于从源句子中生成能够描述给定实体独特之处的简短、精炼的自然语言表述。因此，为了生成与实体更相关的结果，在生成实体推荐理由时需要考虑实体信息。其次，文本摘要要求生成的结果必须保留源文本的主要含义，而实体推荐理由生成任务只要求生成的结果能体现实体的独到之处，不要求生成的结果必须保留源文本的含义。

句子压缩任务与实体推荐理由生成任务也较为相关。在句子压缩任务上，之前的工作主要通过删除源句子中的某些词或成分的方法，来对源句子进行压缩[178-182]。此外，Cohn 等人[183]提出了一种生成式方法，基于对源句子中的词进行调序、替换、插入以及删除操作，来实现对源句子的压缩。由于实体推荐理由生成不是简单地进行句子压缩，而是需要找到源句子中对实体独特之处的描述信息并从中生成简短、精炼的自然语言表述。因此，上述句子压缩方法均无法直接应用于实体推荐理由生成任务。

5.3 基于统计机器翻译模型的实体推荐理由生成

首先介绍我们所提出的基于统计机器翻译模型的实体推荐理由生成方法㊀。该模型只基于实体描述句子生成实体推荐理由，而未考虑实体。图 5-2 显示了该模型的框架。该框架主要包含两部分：句子预处理和实体推荐理由生成。句子预处理主要包括对输入的句子进行中文分词[184]、词性标注[185]以及依存句法分析[186]，以用于后续处理阶段。该模型的训练需要以下 3 种数据：首先是训练“翻译”模型及语言模型所需的“句子-实体推荐理由”单语平行语料（图 5-2 中的 sen-eh）；

㊀ 该方法来自我们已发表的论文“Generating Recommendation Evidence Using Translation Model”[63]。

其次是训练吸引力模型所需的新闻标题数据（图 5-2 中的 H）；最后是人工编写的实体推荐理由数据（图 5-2 中的 H_M）。H 和 H_M 用以提升生成的实体推荐理由的吸引力。

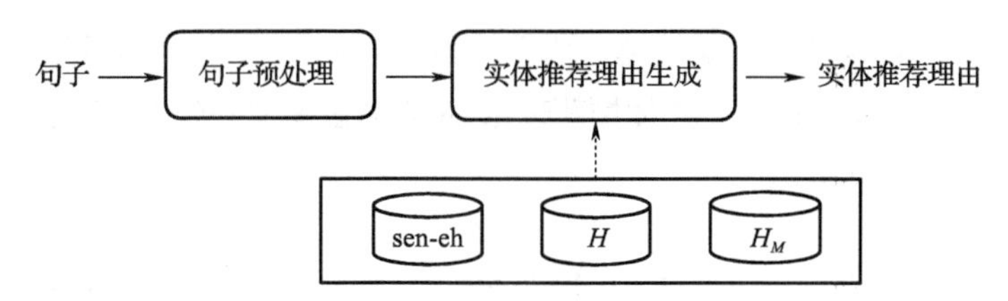

图 5-2　基于统计机器翻译模型的实体推荐理由生成方法的框架

基于统计机器翻译的实体推荐理由生成模型由 4 个子模型[⊖]构成：翻译模型、语言模型、长度模型以及吸引力模型，这 4 个子模型依次控制了实体推荐理由的适切度（adequacy）、流畅度（fluency）、长度以及吸引力。

首先介绍翻译模型。实体推荐理由生成是一个解码过程。输入句子 sen 首先被切分成一个单元序列 $\overline{\mathrm{sen}}_1^l$，然后再被“翻译”成目标语言单元序列 $\overline{\mathrm{eh}}_1^l$。我们将一个翻译序列对记为（$\overline{\mathrm{sen}}_i, \overline{\mathrm{eh}}_i$），其翻译概率由公式 $\phi_{\mathrm{tm}}(\overline{\mathrm{sen}}_i, \overline{\mathrm{eh}}_i)$ 给出。基于上述概率，我们可以通过如下公式计算出 sen 与 eh 之间的翻译得分：

$$p_{\mathrm{tm}}(\overline{\mathrm{sen}}_1^l, \overline{\mathrm{eh}}_1^l) = \prod_{i=1}^{l} \phi_{\mathrm{tm}}(\overline{\mathrm{sen}}_i, \overline{\mathrm{eh}}_i)^{\lambda_{\mathrm{tm}}} \tag{5-1}$$

⊖ 实体推荐理由生成采用单语解码。因此，该模型未采用 SMT 中常用的调序（reordering）子模型。

上述公式中的 λ_{tm} 为翻译模型的权重。实际上，这里对翻译模型的定义与 SMT 中的翻译模型[187] 完全相同。短语翻译概率在平行语料 sen-eh 上学习得到。

其次介绍语言模型。在本任务中，我们使用三元（tri-gram）语言模型。实体推荐理由 eh 的语言模型得分由如下公式计算得出：

$$p_{lm}(eh) = \prod_{j=1}^{J} p(w_j \mid w_{j-2}w_{j-1})^{\lambda_{lm}} \tag{5-2}$$

在上述公式中，J 为 eh 中词的数量，w_j 为 eh 中的第 j 个词，λ_{lm} 为语言模型的权重。该语言模型在平行语料 sen-eh 的实体推荐理由数据上训练得到。

接着介绍长度模型。为了使生成的实体推荐理由尽可能简短且精炼，我们采用如下长度惩罚函数来促使模型生成尽可能短的实体推荐理由。实体推荐理由 eh 的长度得分由如下公式给出：

$$p_{lf}(eh) = \begin{cases} N & \text{如果 } N \leqslant 10 \\ \dfrac{1}{N-10} & \text{如果 } N > 10 \end{cases} \tag{5-3}$$

上述公式中的 N 为 eh 中包含的汉字数量。

然后介绍吸引力模型。为了使生成的实体推荐理由尽可能具有丰富的信息及吸引力，从而更好地帮助用户了解被推荐的实体，我们进一步引入了吸引力模型。经过对人工标注的实体推荐理由进行分析，我们发现一个实体推荐理由 eh 的吸引力的强弱主要依赖于三方面的因素：词汇、语言风格以及句子结构。我们使用两个子模型对这些因素进行建模。第一个子模型是一个在新闻标题语料上训练得到的语言模型，以促使生成的实体推荐理由在词汇以及表达方式上与新闻标题尽可能接近。引入该子模型的原因在于，新闻编辑为了吸引用户点击与阅读新闻，往往会尽全力使用具有吸引力的词汇以及表达方式来撰写新闻标题，使得新闻标题虽短却能吸引用户眼球。新闻标题的这些特点与实体推荐理由的表达方式要求比较吻合，例如，要求简短、精炼且能激起用户兴趣。因此，用新闻标题训练得到的语言模型也适用于生成类似风格的实体推荐理由。第二个子模型是在人工编写的实体推荐理由数据上训练得到的句子结构模型，以促使生成的实体推荐理由在句法风格上与人工编写的实体推荐理由尽可能接近。我们把上述两个子模型合并起来，即可得到吸引力模型：

$$p_{am}(\mathrm{eh}) = p_{hl}(\mathrm{eh})^{\lambda_{hl}} \cdot p_{ss}(\mathrm{eh})^{\lambda_{ss}} \tag{5-4}$$

在上述公式中，$p_{hl}(\mathrm{eh})$ 为基于新闻标题语料 H 训练得到的语言模型。$p_{hl}(\mathrm{eh})$ 与 $p_{lm}(\mathrm{eh})$ 类似，区别只在于训练语料不同。$p_{ss}(\mathrm{eh})$ 为句子结构模型，其计算方法为：

$$p_{ss}(\mathrm{eh}) = \max_{\mathrm{eh}_i \in H_M}(K(T_{\mathrm{eh}}, \mathrm{T}_{\mathrm{eh}_i})) \tag{5-5}$$

在上述公式中，T_x 为句子 x 的依存句法树，eh_i 为人工编写的实体推荐理由。而 $K(\cdot, \cdot)$ 为两个句子的依存句法树[188]之间的相似度，用于衡量两个句子在结构上的相似度。

最后，我们使用对数线性方法将上述 4 个子模型进行融合，即可获得基于统计机器翻译的实体推荐理由生成模型：

$$p(\mathrm{eh} \mid \mathrm{sen}) = \lambda_{\mathrm{tm}} \sum_{i=1}^{l} \lg \phi_{\mathrm{tm}}(\overline{\mathrm{sen}}_i, \overline{\mathrm{eh}}_i) + \lambda_{\mathrm{lm}} \sum_{j=1}^{J} \lg p(w_j \mid w_{j-2} w_{j-1}) + \lambda_{\mathrm{lf}} \lg p_{\mathrm{lf}}(\mathrm{eh}) + \lambda_{\mathrm{hl}} \sum_{l=1}^{L} \lg p(w_l \mid w_{l-2} w_{l-1}) + \lambda_{\mathrm{ss}} \lg p_{\mathrm{ss}}(\mathrm{eh}) \tag{5-6}$$

5.4 基于神经机器翻译模型的实体推荐理由生成

本节介绍我们所提出的基于 Seq2Seq 的实体推荐理由生成模型。为了解决实体推荐理由生成任务存在的 3 个主要难题，我们在解码过程中引入了多种机制以及实体信息：首先，为了更好地确定源句子中与实体独特之处相关的描述信息，我们在解码过程中采用了注意力机制；其次，为了保留源句子中的重要词，我们将复制机制引入解码过程中；再次，为了缓解生成重复词的问题，我们在解码过程中引入了覆盖机制；最后，我们还将实体名作为辅助信息引入解码过程中，以指引模型生成与给定实体相关的推荐理由。下面分别介绍普通 Seq2Seq 模型、注意力机制、复制机制、覆盖机制以及由实体信息指导的 Seq2Seq 模型。

5.4.1 Seq2Seq 模型

1. 普通 Seq2Seq 模型

普通 Seq2Seq 模型[156] 由一个编码器与一个解码器构成。编码器以序列($x_1,x_2,\cdots,x_M$)作为输入并将其转化为对应的隐藏向量序列($\boldsymbol{h}_1,\boldsymbol{h}_2,\cdots,\boldsymbol{h}_M$)。解码器以编码器的最后一个隐藏向量 $\boldsymbol{h}_M$ 作为初始隐藏向量，并以特殊标记“GO”作为输入。在编码与解码的过程中，我们采用在多个任务中都取得了显著效果提升[69,70,182,189] 的长短时记忆神经网络（Long Short-Term Memory，LSTM)[123] 作为基本计算单元。在介绍注意力机制、复制机制以及覆盖机制之前，我们首先对基于 LSTM 的循环神经网络（Recurrent Neural Network，RNN）的计算方法进行简要介绍。在计算第 t 步的隐藏向量 $\boldsymbol{h}_t$ 时，该方法会同时考虑当前词的向量 $\boldsymbol{d}_t$ 以及上一步的隐藏向量 $\boldsymbol{h}_{t-1}$:

$$f_t = \sigma(W_f[\boldsymbol{h}_{t-1},\boldsymbol{d}_t] + b_f) \tag{5-7}$$

$$i_t = \sigma(W_i[\boldsymbol{h}_{t-1},\boldsymbol{d}_t] + b_i) \tag{5-8}$$

$$\tilde{C}_t = \tanh(W_C[\boldsymbol{h}_{t-1},\boldsymbol{d}_t] + b_C) \tag{5-9}$$

$$C_t = f_t C_{t-1} + i_t \tilde{C}_t \tag{5-10}$$

$$o_t = \sigma(W_o[\boldsymbol{h}_{t-1},\boldsymbol{d}_t] + b_o) \tag{5-11}$$

$$\boldsymbol{h}_t = o_t \tanh(C_t) \tag{5-12}$$

在上述公式中，f_t、i_t 以及 o_t 分别为遗忘门（forget gate）、输入门（input gate）以及输出门（output gate），σ 为 sigmoid 函数。

为了更好地对输入序列进行编码，我们也采用了双向 RNN[190]。双向 RNN 由一个正向 RNN 编码器与一个逆向 RNN 编码器构成，进而能从正反两个方向对输入序列进行编码。

普通 Seq2Seq 模型的训练目标是在给定输入序列($x_1, x_2, \cdots, x_M$)及其目标输出序列($y_{o1}, y_{o2}, \cdots, y_{oM'}$)的情况下，对条件概率 $p(y_{o1}, y_{o2}, \cdots, y_{oM'} \mid x_1, x_2, \cdots, x_M)$进行最大化。为了提升在词表很大的情况下的训练效率，我们使用了采样 softmax[191]。

2. 注意力机制

在普通 Seq2Seq 模型中，编码器对输入序列进行编码后得到的固定长度向量，是解码器在生成目标输出序列时的初始输入。这种方法主要存在以下两方面的缺点。首先，当输入序列较长时，编码器很难将所有输入序列中的重要信息压缩进一个固定长度向量。此外，源句子中的不同词在描述给定实体独特之处时的重要程度存在差异。因此，我们采用了注意力机制，从而使解码器在生成当前词时能够区分源句子中各个词的重要性。

在解码过程中，第 t 步的隐藏状态 s_t 由如下方法计算得到：

$$\boldsymbol{s}_t = f(\boldsymbol{s}_{t-1}, y_{t-1}, \boldsymbol{c}_{t-1}) \tag{5-13}$$

在上述公式中，$\boldsymbol{s}_{t-1}$ 为上一步的隐藏状态，y_{t-1} 为当前输入（在预测时为 $t-1$ 步的预测词，在训练时为 $t-1$ 步的目标词），而 $\boldsymbol{c}_{t-1}$ 为上一步的注意力上下文向量（context vector）。注意力上下文向量 $\boldsymbol{c}_t$ 通过对编码器的各隐藏向量($\boldsymbol{h}_1, \boldsymbol{h}_2, \cdots, \boldsymbol{h}_M$)进行加权求和计算得到：

$$\boldsymbol{c}_t = \sum_{j=1}^{M} \boldsymbol{\partial}_{tj} \boldsymbol{h}_j \tag{5-14}$$

上述公式中的权重 $\boldsymbol{\partial}_{tj}$ 表示在第 t 步时应该在编码器的第 j 个隐藏向量 $\boldsymbol{h}_j$ 上投入多少注意力，其计算方法如下：

$$\boldsymbol{\partial}_{tj} = \frac{\exp(e_{tj})}{\sum_{k=1}^{M} \exp(e_{tk})} \tag{5-15}$$

$$e_{tj} = \boldsymbol{v}^{\mathrm{T}} \tanh(\boldsymbol{W}\boldsymbol{h}_j + \boldsymbol{U}\boldsymbol{s}_t + b_{\mathrm{attn}}) \tag{5-16}$$

上述公式中的向量 $\boldsymbol{v}$、矩阵 $\boldsymbol{W}$ 以及 $\boldsymbol{U}$ 都是通过模型训练确定的参数。

3. 复制机制

在普通 Seq2Seq 模型中，预测目标输出序列中的每个词时，都需要在预定义词表范围内进行。这种方法存在解码器无法生成稀有词的问题。但是，在实体推荐理由生成任务中，低频词（例如命名实体与数字）对刻画实体特征具有重要作用。因此，在生成实体推荐理由过程中，往往需要对这些重要低频词进行保留。为此，我们采用了复制机制，以解决稀有词的生成问题，从而使解码器能够生成出源文本中的重要低频词。在解码过程中，注意力机制会为源句子中的每个词赋予不同的重要性得分，这些得分可被视为注意力分布。基于注意力分布结果，我们可以将词表外词（Out-Of-Vocabulary，OOV）进行复制。为此，我们需要为解码过程中的每一步增加一个转换机制，用于决定是从预定义词表中生成一个词，还是基于注意力分布结果从源句子中复制一个词。下面介绍两种不同类型的复制机制：硬转换（hard switch）复制机制与软转换（soft switch）复制机制。

硬转换复制机制包含 3 个重要的神经网络输出层：生成 softmax（generate softmax）、复制 softmax（copy softmax）以及门 softmax（gate softmax）。生成 softmax 用于计算词表中各个词的生成概率，从而决定该生成出哪个词。复制 softmax 则用于计算源句子中各个词的概率，从而决定该复制源句子中的哪个词。门 softmax 输出的是一个作为硬转换机制的二元值，用于决定是基于生成 softmax 从预定义词表中生成一个词，还是基于复制 softmax 从源句子中复制一个词。

具体地，在解码时的第 t 步，生成 softmax 以隐藏向量 $\boldsymbol{h}_t$ 以及注意力上下文向量 $\boldsymbol{c}_t$ 作为输入，按照如下公式对预定义词表中词的概率分布进行计算：

$$P_{\text{generate}} = \text{softmax}(\text{linear}([\boldsymbol{h}_t;\boldsymbol{c}_t])) \tag{5-17}$$

复制 softmax 基于编码器的各隐藏向量的注意力权重计算源句子中词的概率分布，注意力权重的计算方法见式（5-15）。

门 softmax 以隐藏状态 s_t 作为输入并生成出一个二元标量值 y_{gt}：

$$y_{gt} = \arg\max\ \text{softmax}(\text{linear}(s_t)) \tag{5-18}$$

如果 y_{gt} 为 1，则输出词 y_{ot} 将基于复制 softmax 的概率分布结果，从源句子中复制一个词。如果 y_{gt} 为 0，则 y_{ot} 将根据生成 softmax 的结果 P_{generate}，从预定义词表中生成一个词。

给定一个输入序列$(x_1, x_2, \cdots, x_M)$及其目标输出序列$(y_{o1}, y_{o2}, \cdots, y_{oM'})$，通过如下方法计算门 soft-max 的目标门序列$(y_{g1}, y_{g2}, \cdots, y_{gM'})$：

$$y_{gt} = \begin{cases} 1 & \text{如果 } y_{ot} \text{ 在输入序列中出现过} \\ 0 & \text{除上述情况以外} \end{cases} \tag{5-19}$$

如果 y_{gt} 为 1，则复制 softmax 的目标输出为输入序列中 y_{ot} 首次出现的位置。如果 y_{gt} 为 0，则生成 softmax 的目标输出为预定义词表中 y_{ot} 的索引。引入复制机制的 Seq2Seq 模型的训练目标是对条件概率 $P(y_{o1}, \cdots, y_{oM'}; y_{g1}, \cdots, y_{gM'} \mid x_1, \cdots, x_M)$进行最大化。

我们也采用了软转换复制机制。与硬转换复制机制类似，软转换复制机制也包含 3 个重要的神经网络输出层：生成 softmax、复制 softmax 以及门。前两个 softmax 的作用与硬转换复制机制相同：生成 softmax 计算出预定义词表中词的概率分布，而复制 softmax 则计算出源句子中词的概率分布。与硬转换复制机制不同的是，软转换复制机制中的门计算出一个概率值 $p_{\text{gate}} \in [0,1]$。该概率值作为一种软转换，用于将预定义词表中词的概率分布与源句子中词的概率分布进行融合，从而得到最终分布。然后，我们再根据获得的最终分布进行词的预测。

具体地，在解码时的第 t 步，生成 softmax 以隐藏向量 $\boldsymbol{h}_t$ 以及注意力上下文向量 $\boldsymbol{c}_t$ 作为输入，按照式（5-17）对预定义词表中词的概率分布进行计算。

复制 softmax 基于编码器的各隐藏向量的注意力权重计算源句子中词的概率分布，注意力权重的计算方法见式（5-15）。

软转换概率 p_{gate} 的计算方法如下：

$$p_{\text{gate}} = \sigma(\boldsymbol{w}_c^{\mathrm{T}}\boldsymbol{c}_t + \boldsymbol{w}_s^{\mathrm{T}}\boldsymbol{s}_t + \boldsymbol{w}_y^{\mathrm{T}}\boldsymbol{v}_t^y + b) \tag{5-20}$$

在式（5-20）中，σ 为 sigmoid 函数，$\boldsymbol{w}_c$、$\boldsymbol{w}_s$、$\boldsymbol{w}_y$ 以及标量 b 都是通过模型训练确定的参数，$\boldsymbol{v}_t^y$ 为解码器的输入词的词嵌入向量，$\boldsymbol{c}_t$ 为注意力上下文向量。

对每个输入的句子，将该句子中的所有词与预定义词表进行合并后，即可获得一个扩展词表。扩展词表中每个词 w 的预测概率由如下方法计算得到：

$$P(w) = p_{\text{gate}} P_{\text{generate}}(w) + (1 - p_{\text{gate}}) \sum_{j: w_j = w} \partial_{tj} \tag{5-21}$$

如果词 w 为一个 OOV 词，则 $P_{\text{generate}}(w)$ 为 0。如果词 w 未出

现在输入的句子中，则 $\sum_{j:w_j=w}\partial_{tj}$ 为 0。

4. 覆盖机制

覆盖机制最初用于缓解神经机器翻译中的重复翻译及丢弃翻译的问题[158,159]。为缓解实体推荐理由生成任务中生成重复词的问题，我们采用了文献［73］中针对生成式文本摘要任务而设计的覆盖机制。

具体地，该机制设计了一种覆盖向量 $\mathbf{cov}_t$，用于记录解码过程中的历史注意力信息。$\mathbf{cov}_t$ 通过历史注意力分布之和计算得到：

$$\mathbf{cov}_t = \sum_{t'=0}^{t-1}\partial'_t \tag{5-22}$$

覆盖向量 $\mathbf{cov}_t$ 记录了源句子中的各个词从注意力机制得到的覆盖情况。为了使覆盖向量对注意力机制的当前计算过程产生影响，我们将覆盖向量作为额外输入加入注意力机制中。因此，注意力机制中的式（5-16）也将相应地变为：

$$e_{tj} = \boldsymbol{v}^{\mathrm{T}}\tanh(\boldsymbol{W}\boldsymbol{h}_j + \boldsymbol{U}\boldsymbol{s}_t + \boldsymbol{w}_{\mathrm{cov}}\mathbf{cov}_{tj} + b_{\mathrm{attn}}) \tag{5-23}$$

式（5-23）中的 $\boldsymbol{w}_{\mathrm{cov}}$ 为通过模型训练确定的参数向量，其长度与 $\boldsymbol{v}$ 相同。

覆盖损失的定义如下，该损失函数侧重于对重复关注源句子中的相同位置的情况进行惩罚：

$$\mathrm{covloss}_t = \sum_{j=1}^{M}\min(\partial_{tj},\ \mathbf{cov}_{tj}) \tag{5-24}$$

最后，覆盖损失通过超参数 λ 进行重调权后，加入模型的主要损失函数中㊀。

5.4.2 由实体信息指导的 Seq2Seq 模型

给定一个实体及描述该实体的句子，如果让人从中编写出实体推荐理由，我们通常需要根据源句子的含义，并参考给定实体的信息，才能从源句子中选择出重要词以及关键信息。这一观察表明，实体信息对于实体推荐理由生成模型具有重要帮助。为此，我们提出将实体名作为辅助信息引入 Seq2Seq 模型中，以指引解码器生成与给定实体相关的推荐理由。

为得到实体名的语义表示，我们将实体名中的所有词作为输入，并采用 RNN 将其编码为一个向量 $\boldsymbol{v}_e$㊁。为了将 $\boldsymbol{v}_e$ 作为辅助信息引入解码过程中，我们尝试了 3 种不同方法：在生成过程中引入 $\boldsymbol{v}_e$，在复制过程中引入 $\boldsymbol{v}_e$，以及在这两个过程中都引入 $\boldsymbol{v}_e$。为方便阐述，我们将这 3 种方法依次记为 EG、EC 以及 EGC，并采用硬转换复制机制作为示例来介绍这 3 种方法。

㊀ 在实验中，我们采用 See 等人使用的方法[73]，首先通过足够多的批次训练出一个基本模型，然后将覆盖机制加入进来，再继续对模型进行 3 000 批次的训练。此外，我们将超参数 λ 设置为 1。

㊁ 我们也尝试过将实体名中所有词的向量表示求平均的方法对实体名进行编码。实验结果表明，采用 RNN 的方法对实体名进行编码，在该任务中的效果更好。

1. 在生成过程中引入实体信息

图 5-3 显示了在生成过程中引入实体信息的 Seq2Seq 模型的解码器结构。我们使用实体向量 $\boldsymbol{v}_e$ 对编码器的隐藏状态进行注意力计算（计算方法与 5.4.1 节 2. 描述的注意力机制相同），得到一个实体注意力向量 $\boldsymbol{a}_e$，从而能够捕捉源句子中与实体相关的上下文信息。为了使实体注意力向量对生成过程产生影响，我们将实体注意力向量 $\boldsymbol{a}_e$、当前隐藏向量 $\boldsymbol{h}_t$ 以及注意力上下文向量 $\boldsymbol{c}_t$ 拼接起来作为生成 softmax 的输入向量。

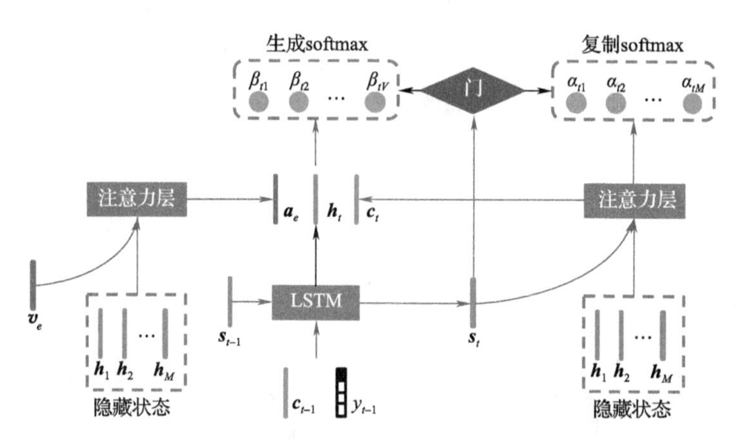

图 5-3 在生成过程中引入实体信息的 Seq2Seq 模型的解码器结构（见彩插）

硬转换与软转换复制机制中的生成 softmax 均按照如下公式对预定义词表中词的概率分布进行计算：

$$P_{\text{generate}} = \text{softmax}(\text{linear}([\boldsymbol{a}_e;\ \boldsymbol{h}_t;\ \boldsymbol{c}_t])) \qquad (5\text{-}25)$$

复制 softmax 根据式（5-15）计算出源句子中词的概率分布。

2. 在复制过程中引入实体信息

图 5-4 显示了在复制过程中引入实体信息的 Seq2Seq 模型的解码器结构。在该模型中，我们希望实体向量 $\boldsymbol{v}_e$ 对复制机制产生影响，从而能够复制源句子中与实体更相关的词。为此，我们在该模型中使用了两个不同的注意力层。在第一个注意力层中，我们首先使用隐藏状态 $\boldsymbol{s}_t$ 对编码器的各隐藏

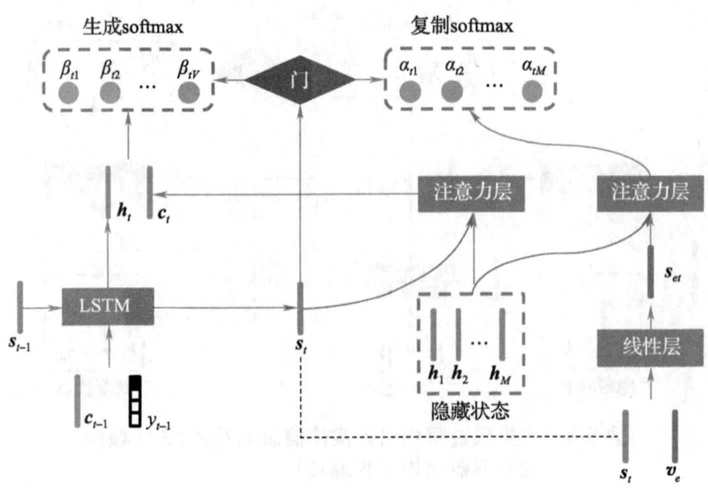

图 5-4 在复制过程中引入实体信息的 Seq2Seq 模型的解码器结构（见彩插）

向量进行注意力计算（见式（5-15）），得到注意力上下文向量 $\boldsymbol{c}_t$。然后再将其与当前隐藏向量 $\boldsymbol{h}_t$ 一起输入生成 softmax，并按照式（5-17）计算出预定义词表中词的概率分布。在第二个注意力层中，我们首先将实体向量 $\boldsymbol{v}_e$ 与隐藏状态 $\boldsymbol{s}_t$ 拼接起来，并通过一个线性层得到一个新的向量 $\boldsymbol{s}_{et}$：

$$\boldsymbol{s}_{et} = \mathrm{linear}([\boldsymbol{v}_e;\boldsymbol{s}_t]) \tag{5-26}$$

然后，我们使用 $\boldsymbol{s}_{et}$ 对编码器的各隐藏向量进行注意力计算（见式（5-15）），得到各个词的注意力权重，即可获得复制 softmax 的输出结果。

3. 在生成与复制过程中引入实体信息

图 5-5 显示了在生成与复制过程中引入实体信息的 Seq2Seq 模型的解码器结构。在该模型中，我们希望实体向量 $\boldsymbol{v}_e$ 对生成过程与复制机制均产生影响，从而使模型能够生成与实体更相关的词，以及能够复制源句子中与实体更相关的词。为此，我们将实体向量 $\boldsymbol{v}_e$ 与隐藏状态 $\boldsymbol{s}_t$ 拼接起来，并通过一个线性层得到一个新的向量 $\boldsymbol{s}_{et}$（见式（5-26））。然后，我们使用 $\boldsymbol{s}_{et}$ 对编码器的各隐藏向量进行注意力计算（见式（5-15）），得到注意力上下文向量 $\boldsymbol{c}_t$ 以及源句子中各个词的注意力权重。最后，我们将 $\boldsymbol{c}_t$ 与当前隐藏向量 $\boldsymbol{h}_t$ 一起作为生成 softmax 的输入，计算出预定义词表中词的概率分布（见式（5-17））。此外，我们将源句子中各个词的注意力权重进行输出，即可得到复制 softmax 的词概率分布结果。

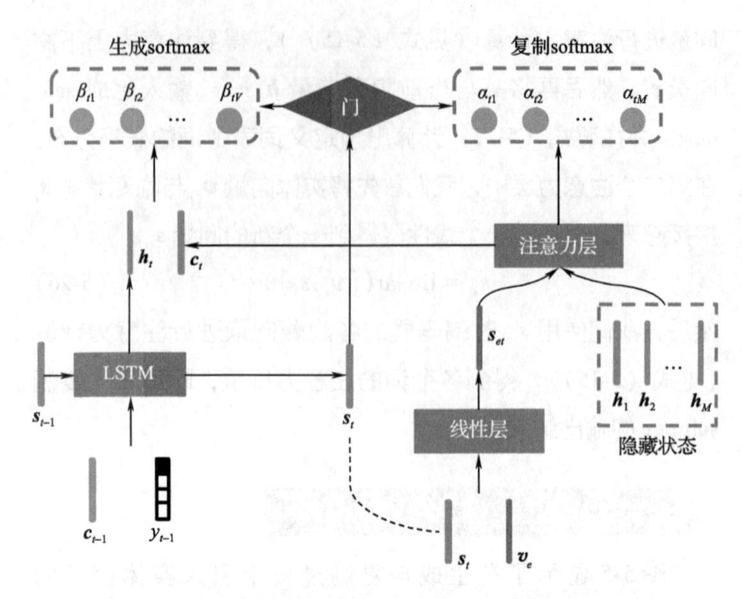

图 5-5　在生成与复制过程中引入实体信息的 Seq2Seq 模型的解码器结构（见彩插）

在上述 3 种方法中，我们既可以采用硬转换复制机制，也可以采用软转换复制机制。如果采用硬转换复制机制，门输出的是一个作为硬转换机制的二元值（见式（5-18）），用于决定在进行解码时，是基于生成 softmax 计算出的预定义词表中词的概率分布生成一个词，还是基于复制 softmax 计算出的源句子中词的概率分布复制一个词。如果采用软转换复制机制，门输出的则是一个软转换概率值（见式（5-20）），用于将预定义词表中词的概率分布与源句子中词的概率分布进行融合，然后再基于得到的扩展词表中词的概率分布进行预测（见式（5-21））。覆盖机制（见式（5-23）与式（5-24））也能被应用到上述 3 种模型中。

5.4.3 基于 Seq2Seq 的实体推荐理由生成模型

针对实体推荐理由生成任务存在的三个主要挑战，我们提出了一种由实体信息指导的基于序列到序列学习的实体推荐理由生成模型。具体地，在解码过程中，我们将实体信息与上述所有机制都引入进来，以生成质量更高的结果。图 5-6 显示了引入注意力机制、软转换复制机制，以及在生成与复制过程中引入实体信息的实体推荐理由生成模型的网络结构。与普通 Seq2Seq 模型相比，该模型在解码过程中引入了多种不同机制。首先，通过引入注意力机制，使解码器

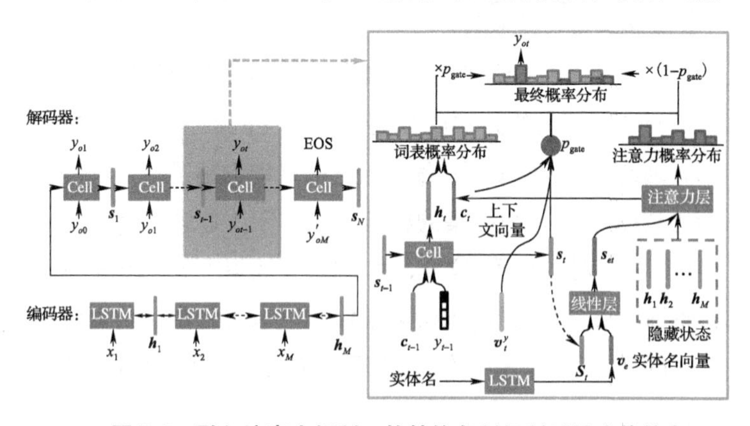

图 5-6　引入注意力机制、软转换复制机制以及实体信息的 Seq2Seq 模型的网络结构（见彩插）

在生成当前词时能够区分源句子中不同词的重要性。其次，通过引入复制机制，使解码器能够处理稀有词的生成问题，从而生成出源文本中重要的低频词。再次，通过引入覆盖机制，能够缓解生成重复词的问题。最后，通过将实体名作为辅助信息引入解码过程中，能够指引模型生成与给定实体更相关的推荐理由。

5.5 实验设置

本节介绍我们在实验中使用的数据、对比方法、评价指标以及参数设置。

5.5.1 实验数据

由于缺少面向该任务的大规模、高质量开放数据集，而人工标注数据集的方式成本高昂且标注的数据量也往往有限，因此，我们借助于在线百科全书自动构建了一个较大规模的数据集㊀。该数据集的构建方法如下。首先，给定一个实体 e 及其对应的百科文章，我们将信息框中的结构化属性信息抽取出来作为候选实体推荐理由。然后，我们将 e 的百科文章中的总体介绍文本中的所有句子抽取出来，并基于 TF * IDF

㊀ 在本研究中，我们以中文为例，使用全球最大中文百科全书——百度百科作为数据源构建训练集。对于其他语言，可采用在线百科全书——维基百科作为数据源构建训练集。

的方法对这些句子进行排序后保留排序靠前的10个句子。接着，我们计算出所获得的每个句子 sen_i 与每个候选实体推荐理由 eh_j 之间的相关性得分。我们采用词重叠率 $\frac{l(\mathrm{eh}_j,\mathrm{sen}_i)}{w(\mathrm{eh}_j)}$ 计算相关性，其中 $w(\mathrm{eh}_j)$ 为 eh_j 中词的个数，而 $l(\mathrm{eh}_j,\mathrm{sen}_i)$ 为 eh_j 与 sen_i 之间的重叠词的个数。最后，我们根据与 sen_i 之间的相关性得分，对各个候选实体推荐理由进行排序。在实验中，我们只保留排在首位且与 sen_i 间相关性得分大于0.5的实体推荐理由 eh_k。通过该方法，我们即可得到一个由三元组 e-sen_i-eh_k 所构成的训练样本。表5-1给出了一个训练样本示例，输入由实体名与一个描述该实体的源句子组成，而输出则为对应的实体推荐理由。

表5-1 训练样本示例

输入	**实体名：** 贝拉克·奥巴马
	源句子： 贝拉克·奥巴马是美国政治人物，从2009年至2017年任第44任美国总统。
输出	**实体推荐理由：** 第44任美国总统

我们以人物、动物以及植物这3个类别的实体为例进行实验，并自动构建了包含799 080个样本的训练集（记为 $\mathcal{D}$）。训练集中单个实体对应的平均实体推荐理由个数为1.5，实体推荐理由及源句子中所包含的词的平均个数分别为3.7及25.2。我们对训练集中样本的准确率进行了初步评价。评价样本为 $\mathcal{D}$ 中随机抽样的100个样本。我们对这些样

本的准确性进行了人工标注。标注结果显示其准确率为 0.91，符合该任务的需求。采用相同的方法，我们也自动构建了一个包含 1 000 个样本的验证集（记为 $\mathcal{D}_v$），且验证集中的所有样本均未出现在训练集中。

为了训练基于统计机器翻译的实体推荐理由生成模型中的吸引力子模型，我们需要新闻标题数据与人工编写的实体推荐理由数据。首先，我们从 3 个中文新闻站点[⊖]抽取出所有的新闻标题，然后根据百度搜索日志中这些新闻标题的点击量进行排序，并将排名前 1 000 万的新闻标题保留作为训练语料。为了使模型生成的实体推荐理由与人工编写的实体推荐理由在句子结构上尽可能接近，我们需要人工编写的高质量的实体推荐理由。我们采用众包的方法[192]来获得该数据。首先，我们让标注员为每一个句子编写实体推荐理由。然后，我们让 5 个不同的评价员对每一个实体推荐理由按照"好"或"差"两档标准分别进行打分。最后，我们只保留获得超过 4 个"好"的实体推荐理由。在实验中，我们一共使用了 104 775 条人工编写的实体推荐理由。

测试集 $\mathcal{T}$ 的构建过程如下。首先，我们随机采样了 1 000 个类别为人物、动物以及植物的实体。为了确保评价的客观性，这些实体在训练集 $\mathcal{D}$ 与验证集 $\mathcal{D}_v$ 中均未出现过。然后，

⊖ http://news.qq.com/、http://news.sina.com.cn/以及 http://news.sohu.com/。

对于$\mathcal{T}$中的每个实体e，我们基于TF * IDF的方法对e的百科文章中的所有句子进行排序后，保留排序靠前的10个句子。接着，我们让标注员从这10个句子中挑选出一个能够最好地对e进行描述的句子sen，并让另外2个标注员分别参照实体e以及句子sen编写出3个实体推荐理由。对编写实体推荐理由的具体要求为：必须是对实体e独特之处的简短、精炼的自然语言表述，且编写方法可以为抽取式或生成式。标注员按照上述要求进行编写，能让编写出的用作参照标准的实体推荐理由尽可能具有多种风格与较高的质量。编写完成后，我们让其他3个评价员对这些实体推荐理由的质量进行评分，质量评分按照以下3个等级进行：perfect、good以及bad。由于一个句子可能生成出多个实体推荐理由，因此一个测试句子拥有的作为参照标准的实体推荐理由越充足，评价结果也相应地越合理。为此，在实验中，对于每个实体及其句子，我们保留了质量评分排序靠前的3个实体推荐理由（记为ehlist）作为评价时的参照标准。基于上述方法，我们最终获得了包含1 000个e-sen-ehlist样本的测试集$\mathcal{T}$。

5.5.2 对比方法

1. 基于统计机器翻译模型的生成方法

基于统计机器翻译的实体推荐理由生成模型主要通过“翻译”的方法，将源句子中的某些词或短语替换为更简短、精炼且具有吸引力的词或短语，并将不重要的词删除，从而实现实体推荐理由的生成。为便于后续进行实验分析，我们使用符号 SMT 对该生成模型进行标记。

2. Seq2Seq 模型

为了更好地对基于 Seq2Seq 的实体推荐理由生成模型进行分析，我们采用消融实验的方法，实现了多个生成模型。这些生成模型间的差异主要体现在对注意力机制、复制机制（包括硬转换与软转换）以及覆盖机制的使用上。下面列出了对比分析中所采用的各个生成模型。

（1）**S2S** 该模型为普通 Seq2Seq 模型，且只使用了一个单向 RNN 作为编码器。

（2）**S2S+Att** 该模型为使用了注意力机制（记为 Att）的 Seq2Seq 模型，且只使用了一个单向 RNN 作为编码器。

（3）**S2S+Att+HCopy** 该模型为使用了注意力机制与硬转换复制机制（记为 HCopy）的 Seq2Seq 模型，且只使用了一个单向 RNN 作为编码器。

（4）**BiS2S+Att+HCopy** 该模型为使用了注意力机制与硬转换复制机制的 Seq2Seq 模型，且使用了双向 RNN 作为编码器。

（5）**BiS2S+Att+SCopy** 该模型为使用了注意力机制与软转换复制机制（记为 SCopy）的 Seq2Seq 模型，且使用了双向 RNN 作为编码器。该模型与 See 等人所提出的

"pointer-generator" 模型[73] 相同。

(6) BiS2S+Att+SCopy+Cov 该模型在 BiS2S+Att+SCopy 的基础上进一步引入了覆盖机制。该模型与 See 等人所提出的 "pointer-generator+coverage" 模型[73] 相同。

3. 引入实体信息的 Seq2Seq 模型

我们尝试了 3 种将实体名作为辅助信息引入 Seq2Seq 模型的方法（见 5.4.2 节）。为了对比这 3 种方法的效果，我们实现了以下所列的多个实体推荐理由生成模型。

(1) BiS2S+Att+HCopy+EG 该模型在 BiS2S+Att+HCopy 的基础上，按照方法 EG 进一步引入了实体信息（只在生成过程中进行引入）。

(2) BiS2S+Att+HCopy+EC 该模型在 BiS2S+Att+HCopy 的基础上，按照方法 EC 进一步引入了实体信息（只在复制过程中进行引入）。

(3) BiS2S+Att+HCopy+EGC 该模型在 BiS2S+Att+HCopy 的基础上，按照方法 EGC 进一步引入了实体信息（在生成过程中与复制过程中均进行引入）。

(4) BiS2S+Att+SCopy+EG 该模型在 BiS2S+Att+SCopy 的基础上，按照方法 EG 进一步引入了实体信息。

(5) BiS2S+Att+SCopy+EC 该模型在 BiS2S+Att+SCopy 的基础上，按照方法 EC 进一步引入了实体信息。

(6) BiS2S+Att+SCopy+EGC 该模型在 BiS2S+Att+

SCopy 的基础上，按照方法 EGC 进一步引入了实体信息。

（7）BiS2S+Att+SCopy+Cov+EG 该模型在 BiS2S+Att+SCopy+Cov 的基础上，按照方法 EG 进一步引入了实体信息。

（8）BiS2S+Att+SCopy+Cov+EC 该模型在 BiS2S+Att+SCopy+Cov 的基础上，按照方法 EC 进一步引入了实体信息。

（9）BiS2S+Att+SCopy+Cov+EGC 该模型在 BiS2S+Att+SCopy+Cov 的基础上，按照方法 EGC 进一步引入了实体信息。

4. 其他方法

如果不考虑实体，可以将实体推荐理由生成任务简化为基于句子的序列标注任务或摘要任务。为此，我们选择了以下两个稳健的方法进行比较。

（1）AS 该方法为 Rush 等人提出的一种基于注意力机制的 Seq2Seq 模型，用于从给定句子中生成保留该句子意义的更短的句子[71]，属于生成式句子摘要方法。

（2）LSTM-CRF 该方法为基于 LSTM-CRF 的序列标注模型[69,70]。该模型使用双向 LSTM 对源句子进行编码，再使用一个 CRF 层产生标记序列。该方法可被视为一种面向实体推荐理由生成任务的抽取式句子摘要方法。为了构建 LSTM-CRF 模型所需的训练数据，对于训练集 $\mathcal{D}$ 中的每个 sen-eh 对，我们首先从源句子 sen 中识别出与 eh 存在最大重叠的文本块（text span）。然后，我们将该文本块作为需要识别的组块（chunk），并使用 BIO 标记方法[193]（B 表示组块的开始（beginning），I 表示组块的内部（inside），O 表示组块的外部（outside））对每个词进行标记。

5. 参数设置

训练集 $\mathcal{D}$ 用于训练上述所有模型，而验证集 $\mathcal{D}_v$ 则用于对这些模型的超参数进行调优。在验证集 $\mathcal{D}_v$ 上效果表现最好的参数被确定为各个模型的最优参数。对基于统计机器翻译的实体推荐理由生成模型，我们使用最小错误率训练[194] 方法对各参数进行估计。对基于 Seq2Seq 的模型，我们使用随机梯度下降的方法对模型参数进行自动更新与优化。基于 Seq2Seq 的模型的超参数设置如下：词表大小为 200 000，隐藏单元的数目为 256，批处理大小为 128，词嵌入维数为 128。

5.5.3 评价指标

我们采用 BLEU[74]、ROUGE[75] 以及人工评价这 3 种方法对实验结果进行了评价。BLEU 与 ROUGE 分别是机器翻译与文本摘要中广泛采用的评价指标。BLEU 用于衡量模型得到的翻译结果与标准参照译文间的相似度㊀。ROUGE 则用于衡量模型得到的摘要与人撰写的标准参照摘要间的相似度。

㊀ 在实验中，我们使用了开源工具箱 MOSES（https://github.com/moses-smt/mosesdecoder）中的 multi-bleu.perl 计算 BLEU 得分。计算时采用的是该工具的默认参数。

人工评价与机器翻译中所采用的人工评价方法[76]类似。我们基于流畅度与可用度这两个指标对模型生成的实体推荐理由 eh 的质量进行评价。流畅度与可用度均有 3 档不同的质量评分标准：bad、good 以及 perfect，评分标准及其细则如表 5-2 所示。

表 5-2 实体推荐理由人工评分标准及其细则

指标	评分标准	细则
流畅度	bad	eh 难以理解
	good	eh 可以理解
	perfect	eh 是一个流畅的自然语言表述
可用度	bad	eh 不是对实体 e 的描述
	good	eh 是对实体 e 的某种描述
	perfect	eh 是对实体 e 独特之处的描述

对于人工评价，我们让两个评价员按照上述质量评分标准，分别对各个模型为测试集 T 中句子所生成的实体推荐理由进行评分。最终评价结果由两个评价员的评分结果的均值计算得到。为了检验两个评价员评分结果间的一致性，我们计算出了二者之间的 kappa 值[148]。kappa 的定义为：$K=\dfrac{P(A)-P(E)}{1-P(E)}$，其中 $P(A)$ 为二者打分一致的占比，$P(E)$ 为二者打分可能一致的概率。这里我们取 $P(E)=1/3$，原因在于各个评价指标的打分标准都划分为 3 档。根据文献［149］中给出的一致性判断标准，显著一致的 K 值范围为 0.61～0.8。而统计结果显示，在流畅度及可用度这两个评价指标

上，两个评价员的评价结果之间的 K 值分别为 0.672 7 及 0.795 8，表明二者是显著一致的。

5.6 实验结果与分析

本节主要汇报实验结果，并对模型进行对比与分析。

5.6.1 不同实体推荐理由生成方法的比较与分析

下面对所有方法的效果进行比较与分析。表 5-3 给出了所有方法的评价结果。根据表中的实验结果，我们可以得出以下结论。

首先，实验结果显示，与 LSTM-CRF 相比，AS 及 SMT 这两种方法在 BLEU 与 ROUGE 上均取得了更高得分。此外，对 LSTM-CRF 生成的实体推荐理由结果进行分析后，我们发现其中含有大量空结果。这表明，虽然 LSTM-CRF 在命名实体识别等序列标注任务上取得了显著效果，但在实体推荐理由生成任务上的应用效果却不显著，因此序列标注方法并不适用于解决实体推荐理由生成问题。

其次，实验结果显示，S2S 的结果在所有评价指标上都差于 AS、SMT 以及 LSTM-CRF，并且在所有方法中效果最差。这表明普通 Seq2Seq 模型并不适用于解决实体推荐理由生成问题。但是除 S2S 与 S2S+Att 外，其他基于 Seq2Seq 的

表 5-3 所有方法的评价结果

方法	自动评价				人工评价					
	BLEU	ROUGE			流畅度（%）			可用度（%）		
		RG-1	RG-2	RG-L	B	G	P	B	G	P
AS(文献[71])	6.80	11.73	3.44	10.98	57.30	25.20	17.50	90.10	9.10	0.80
LSTM-CRF(文献[70])	2.49	6.30	2.89	6.26	62.10	19.55	18.35	78.05	19.10	2.85
SMT(文献[63])	17.02	9.97	5.21	9.79	73.20	15.10	11.70	83.85	13.55	2.60
S2S	1.63	6.53	0.73	6.33	79.20	10.95	9.85	93.45	6.10	0.45
S2S+Att	12.31	10.95	4.20	10.75	63.60	16.85	19.55	82.35	15.35	2.30
S2S+Att+HCopy	24.46	17.16	8.41	16.69	44.00	24.20	31.80	63.55	30.60	5.85
BiS2S+Att+HCopy	25.73	16.56	8.88	16.22	39.15	25.15	35.70	58.05	35.00	6.95
BiS2S+Att+SCopy(文献[73])	31.79	16.48	10.01	16.36	37.10	24.65	38.25	55.10	36.65	8.25
BiS2S+Att+SCopy+Cov(文献[73])	34.43	17.82	10.60	17.64	33.60	25.95	40.45	52.95	37.90	9.15
BiS2S+Att+HCopy+EG	26.73	16.49	9.07	16.25	38.15	26.35	35.50	57.35	35.15	7.50
BiS2S+Att+HCopy+EC	25.11	16.62	8.42	16.21	38.65	25.95	35.40	57.90	35.25	6.85
BiS2S+Att+HCopy+EGC	28.50	17.21	9.15	16.88	37.80	26.20	36.00	57.10	35.35	7.55
BiS2S+Att+SCopy+EG	32.01	17.02	10.06	16.84	33.50	26.65	39.85	52.60	**39.40**	8.00
BiS2S+Att+SCopy+EC	31.51	17.43	10.23	17.19	34.10	25.10	40.80	53.00	38.15	8.85
BiS2S+Att+SCopy+EGC	32.70	17.50	10.43	17.28	33.15	25.95	40.90	52.10	38.90	9.00
BiS2S+Att+SCopy+Cov+EG	33.02	17.20	10.62	17.00	29.55	29.25	41.20	52.10	**39.40**	8.50
BiS2S+Att+SCopy+Cov+EC	32.43	17.32	10.37	17.09	34.05	26.30	39.65	53.00	37.85	9.15
BiS2S+Att+SCopy+Cov+EGC	**36.28**	**18.34**	**11.34**	**18.12**	**28.75**	**29.85**	**41.40**	**50.25**	38.95	**10.80**

注：表中 RG 是 ROUGE 的缩写，B、G 以及 P 分别是 bad、good 以及 perfect 的缩写。表中加粗的结果表示与各个评价指标所对应的最优结果。

模型在所有评价指标上都显著超过 AS、SMT 以及 LSTM-CRF。在引入注意力机制、复制机制以及覆盖机制的 Seq2Seq 模型中，BiS2S+Att+SCopy+Cov 模型在 BLEU 与 ROUGE 上均取得了最高得分。而在所有引入实体信息的 Seq2Seq 模型中，BiS2S+Att+SCopy+Cov+EGC 模型在 BLEU 与 ROUGE 上均取得了最高得分。此外，BiS2S+Att+SCopy+Cov+EGC 模型在所有评价指标上都显著超过其他所有模型。这些结果表明，与其他方法相比，基于 Seq2Seq 的模型更适用于实体推荐理由生成任务。

最后，与 AS 及 SMT 相比，所有引入了注意力机制与复制机制的 Seq2Seq 模型都具备从源句子中复制 OOV 词的能力。虽然 LSTM-CRF 不存在 OOV 的问题，但该方法无法生成出在源句子中未出现过的词。而与 AS、LSTM-CRF、S2S 以及 S2S+Att 相比，虽然 SMT 取得了更高的 BLEU 得分，但人工评价结果显示由 SMT 所生成的实体推荐理由在质量上尤其是在可用度上表现不佳。主要原因在于，基于 SMT 的方法主要依赖于词对齐，因此无法有效地利用源句子中的全局信息。此外，基于 SMT 的方法也无法处理源句子中的 OOV 词。相比之下，基于 Seq2Seq 的生成模型能够通过引入注意力机制，在解码时对源句子中的所有信息进行关注后计算各个词的重要性，而且还能够通过引入复制机制解决 OOV 词的生成问题。

5.6.2 基于 Seq2Seq 的实体推荐理由生成模型分析

下面对基于 Seq2Seq 的模型进行分析。表 5-3 给出了各个模型的评价结果。

首先，我们研究注意力机制与复制机制在基于 Seq2Seq 的实体推荐理由生成模型中是否有用。我们以硬转换复制机制为例，通过比较 S2S、S2S+Att 以及 S2S+Att+HCopy 这 3 个模型的效果对此进行分析。实验结果显示，与 S2S 相比，S2S+Att 取得了显著的效果提升。这表明在基于 Seq2Seq 的生成模型中引入注意力机制有助于生成质量更高的实体推荐理由。此外，S2S+Att+HCopy 的效果显著超过 S2S+Att，这表明在基于 Seq2Seq 的实体推荐理由生成模型中引入复制机制是有效的。主要原因在于，通过在 Seq2Seq 生成模型中引入注意力机制与复制机制，在生成实体推荐理由的过程中，模型能够选择性地关注源文本中的关键片段，并能够选择性地将源文本中的适当部分进行复制。

其次，我们对单向 RNN 编码器与双向 RNN 编码器的效果进行比较。实验结果显示，BiS2S+Att+HCopy 模型的效果在 BLEU 及人工评价指标上均优于 S2S+Att+HCopy，这表明在基于 Seq2Seq 的实体推荐理由生成模型中采用双向 RNN 编码器比采用单向 RNN 编码器效果更好。主要原因在于，双向 RNN 通过正反两个方向对源句子进行编码，从而能够捕获更多的上下文信息。

再次，我们对硬转换复制机制与软转换复制机制的效果进行比较。通过比较 BiS2S+Att+SCopy 与 BiS2S+Att+HCopy 这两个模型的效果，可以发现前者在 BLEU 与人工评价指标上均显著超过后者。这表明在本任务中软转换复制机制比硬转换复制机制更为有效。主要原因在于，软转换复制机制是将预定义词表中词的概率分布与源句子中词的概率分布进行融合后，再基于得到的扩展词表中词的概率分布进行预测，因此能够有效地利用全局信息生成结果。

从次，我们研究覆盖机制在基于 Seq2Seq 的实体推荐理由生成模型中是否有用。通过比较 BiS2S+Att+SCopy+Cov 与 BiS2S+Att+SCopy 这两个模型的效果，可以发现前者在所有评价指标上都显著超过后者。这表明覆盖机制能够有效地提升基于 Seq2Seq 的实体推荐理由生成模型的效果。

最后，我们研究将实体名作为辅助信息引入基于 Seq2Seq 的实体推荐理由生成模型中是否有用。实验结果显示，与各自对应的基础模型[⊖]相比，在生成过程中引入实体信息的 Seq2Seq 模型（模型名中带有“+EG”的模型）与在复制过程中引入实体信息的 Seq2Seq 模型（模型名中带有“+EC”的模型）均未取得显著的效果提升。这表明采用上述两种方法引入实体信息无法有效地提升实体推荐理由生成

⊖ 例如，BiS2S+Att+SCopy 是 BiS2S+Att+SCopy+EG、BiS2S+Att+SCopy+EC 以及 BiS2S+Att+SCopy+EGC 这 3 个模型的基础模型。

模型的效果。相比之下，BiS2S+Att+SCopy+Cov+EGC 模型在所有评价指标上的实验结果都显著超过其他所有方法，这表明在生成与复制过程中引入实体信息的方法能够更有效地提升实体推荐理由生成模型的效果。主要原因在于，这种引入实体信息的方法能够对生成过程与复制机制均产生影响，使模型不仅能生成与实体更相关的词，还能够复制源句子中与实体更相关的词，从而有利于生成出与实体更相关的结果。

5.6.3 基于实例的方法的比较与分析

下面通过一些实例对基于 Seq2Seq 的实体推荐理由生成模型的优势与不足之处进行分析。

首先，我们分析不同模型的重要词与 OOV 词的生成能力。在实验中，我们将所有作为参照标准的实体推荐理由中除停用词[⊖]外的词视为重要词。我们使用重要词的召回率（记为 recall）这一评价指标来衡量不同模型的重要词生成能力，其计算方法如下：

$$\text{recall} = \frac{1}{|\mathcal{T}|}\sum_{t\in|\mathcal{T}|}\frac{1}{3}\sum_{i\in\{1,2,3\}}\frac{\text{cw}_t^i}{\text{vw}_t^i} \tag{5-27}$$

在式（5-27）中，$\mathcal{T}$为测试集，t 为测试样本的索引，vw_t^i 为第 t 个测试样本的第 i 个参照标准实体推荐理由中的重要词

⊖ 停用词表含有 1 215 个中文标点以及文档中出现频次高但又没有信息含量的词。

的个数，cw_t^i 为模型生成的实体推荐理由与第 t 个测试样本的第 i 个参照标准实体推荐理由之间重叠的重要词的个数。此外，为了比较各模型生成 OOV 词的能力，我们也对 OOV 词的召回率 $\mathrm{recall}_{\mathrm{oov}}$ 进行了计算：

$$\mathrm{recall}_{\mathrm{oov}} = \frac{1}{|\mathcal{T}_o|} \sum_{t \in |\mathcal{T}_o|} \frac{1}{3} \sum_{i \in \{1, 2, 3\}} \frac{\mathrm{co}_t^i}{\mathrm{vo}_t^i} \tag{5-28}$$

在式（5-28）中，$\mathcal{T}_o$ 为测试集 $\mathcal{T}$ 的子集，过滤条件为每个测试样本对应的 3 个参照标准实体推荐理由中至少有一个必须包含 OOV 词。co_t^i 为模型生成的实体推荐理由与第 t 个测试样本的第 i 个参照标准实体推荐理由之间重叠的 OOV 词的个数，而 vo_t^i 为第 t 个测试样本的第 i 个参照标准实体推荐理由中的 OOV 词的个数。

表 5-4 显示了各个模型的重要词与 OOV 词的召回率。在这些模型中，AS、SMT、S2S 以及 S2S+Att 都无法生成 OOV 词，因此这里未给出这些模型的 $\mathrm{recall}_{\mathrm{oov}}$ 结果。LSTM-CRF 则是通过对源句子中的各个词生成标签后再基于标签输出实体推荐理由，因此源句子中的任何词都有可能被保留。基于上述原因，这里也未给出该模型的 $\mathrm{recall}_{\mathrm{oov}}$ 结果。从实验结果中，我们可以得出以下结论：①与 AS、LSTM-CRF、SMT、S2S 以及 S2S+Att 相比，所有引入了注意力机制、复制机制以及覆盖机制的 Seq2Seq 模型都能够生成出更多的重要词，这表明上述机制能够帮助 Seq2Seq 模型有效地从源句子中识

别出对实体独特之处的描述信息；②在生成与复制过程中引入了实体信息的Seq2Seq模型在recall指标上均优于各自对应的基础模型，这表明在生成与复制过程中引入实体信息能够帮助Seq2Seq模型有效地生成出更多的重要词；③BiS2S+Att+SCopy+Cov+EGC在recall上取得了最高得分，这表明我们所提出的方法能够生成质量更高且含有更多重要词的实体推荐理由；④在 $recall_{oov}$ 指标上，使用硬转换复制机制的模型优于使用软转换复制机制的模型。

表5-4 各个模型的重要词与OOV词的召回率

方法	recall	$recall_{oov}$
AS（文献［71］）	12.25%	—
LSTM-CRF（文献［70］）	6.15%	—
SMT（文献［63］）	10.44%	—
S2S	5.87%	—
S2S+Att	10.78%	—
S2S+Att+HCopy	18.46%	5.04%
BiS2S+Att+HCopy	17.71%	**8.32%**
BiS2S+Att+SCopy（文献［73］）	17.23%	5.24%
BiS2S+Att+SCopy+Cov（文献［73］）	18.43%	6.59%
BiS2S+Att+HCopy+EG	17.71%	6.87%
BiS2S+Att+HCopy+EC	17.38%	8.04%
BiS2S+Att+HCopy+EGC	18.51%	6.94%
BiS2S+Att+SCopy+EG	17.64%	4.74%
BiS2S+Att+SCopy+EC	18.16%	5.69%
BiS2S+Att+SCopy+EGC	18.26%	5.07%
BiS2S+Att+SCopy+Cov+EG	17.49%	6.43%
BiS2S+Att+SCopy+Cov+EC	18.07%	6.12%
BiS2S+Att+SCopy+Cov+EGC	**18.98%**	5.86%

然后，我们结合一些具体的示例对我们提出的方法进行分析。图 5-7 显示了不同模型为 3 个给定的实体及其源句子生成的实体推荐理由。在示例 a 中，词“45”为稀有词，在

示例a
实体名：唐纳德·特朗普
源句子：2016年11月9日，美国大选计票结果显示：共和党候选人唐纳德·特朗普已获得了276张选举人票，超过270张选举人票的获胜标准，当选 美国 第 45 任 总统
实体推荐理由
参照标准：美国 第 45 任 总统
AS：第 2 任 总统 候选人　LSTM-CRF：美国 第 45 任 总统
SMT：曾 任 总统　S2S：美国 第 00 任 总统
S2S+Att：第 0 任 美国 第 00 届 总统 ♮　其他Seq2Seq模型：美国 第 45 任 总统

示例b
实体名：界王
源句子：日本 著名 漫画 《七龙珠》 登场 角色，是负责管理银河的神，一共有五个，分别是东南西北四个界王和大界王。在神界地位在阎王之上，仅次于界王神
实体推荐理由
参照标准：日本 著名 漫画 《七龙珠》 登场 角色
AS：登场 作品 漫画 中 人物 ♮　LSTM-CRF：《七龙珠》
SMT：漫画 《七龙珠》 登场 角色　S2S：登场 作品 《死神》
BiS2S+Att+SCopy+Cov：登场 作品 《七龙珠》
BiS2S+Att+SCopy+Cov+EGC：登场 作品 《七龙珠》

示例c
实体名：孙妍在
源句子：2016年8月21日凌晨，在巴西里约奥林匹克体育场举行的艺术体操个人全能决赛中，韩国 艺体 精灵 孙妍在以总分72.898分排名第4，无缘奖牌
实体推荐理由
参照标准：韩国 艺体 精灵
AS：运动 项目 艺术体操个人全能　LSTM-CRF：艺术体操
SMT：艺术体操个人全能第72.898 ♮　S2S：韩国 女子 田径 运动员
BiS2S+Att+SCopy+Cov：运动 项目 艺术体操
BiS2S+Att+SCopy+Cov+EGC：韩国 艺体 精灵

图 5-7　各模型生成的实体推荐理由示例（见彩插）

注：源句子与实体推荐理由的中文分词以空格分割，OOV 词用下划线进行了标识，红色框中的词为源句子中未出现过的词。在各示例中，相同的重要词以同样的颜色进行标识。存在语言错误的结果以♮进行标识。

Seq2Seq 模型的词表中以“00”表示。从生成的实体推荐理由结果中可以看出，由于缺乏 OOV 词的处理能力，AS、SMT、S2S 以及 S2S+Att 模型均无法生成重要词“45”。相比之下，所有引入了复制机制的 Seq2Seq 模型均能成功生成“45”。虽然 LSTM-CRF 不存在 OOV 词的生成问题，但该方法无法生成出在源句子中未出现过的词，例如示例 b 中所显示的结果。此外，示例 b 也表明 BiS2S+Att+SCopy+Cov 与 BiS2S+Att+SCopy+Cov+EGC 模型均能生成出比其他模型都要好的实体推荐理由。这两个模型所生成的实体推荐理由均包含源句子中未出现过的词，从而使得生成的结果更流畅且风格更多样。示例 c 则表明与基础模型 BiS2S+Att+SCopy+Cov 相比，BiS2S+Att+SCopy+Cov+EGC 模型能够生成质量更高的实体推荐理由，从而验证了在 Seq2Seq 模型的生成与复制过程中引入实体信息的有效性。

最后，我们以效果最好的 BiS2S+Att+SCopy+Cov+EGC 模型为例，说明基于 Seq2Seq 的实体推荐理由生成模型的不足之处。具体地，我们对测试集中在流畅度与可用度两个指标上被评为 bad 的样本进行分析，发现存在以下两类典型错误情况：①在所有错误情况中，生成的实体推荐理由包含与实体及其源句子不相关的词的情况，占比为 22.26%；②生成的实体推荐理由中的词存在互不相关的情况，占比为 27.21%。图 5-8 显示了与上述情况对应的两个典型示例。在示例 d 中，BiS2S+Att+SCopy+Cov+EGC 生成了与实体及其源句子不相关的词。而在示例 e 中，BiS2S + Att + SCopy + Cov + EGC 生成了两个互不相关的词，而且生成的实体推荐理由与源句子中对该实体的描述完全不符。

示例 d
实体名:死神
源句子:"死神" 能 用 地狱火 霰弹枪 造成 巨大 伤害，能够 用 幽灵 形态 躲避 伤害，还能 用 暗影步 在 各 个 地点 来 回 穿梭，这些 能力 让 他 足以 成为 最 致命 的 杀手
实体推荐理由
  参照标准:能够 用 幽灵 形态 躲避 伤害 的 最 致命杀手
  BiS2S+Att+SCopy+Cov+EGC: 代表作品 躲避 伤害

示例 e
实体名:迪克西·迪恩
源句子: 2001 年，利物浦 当地 的 雕塑家 汤姆 墨菲 把 一 尊 迪恩 的 塑像 在 古迪逊 球场 外 立起，其 下 刻 着 "球员、绅士、埃弗顿 人" 以 纪念 这位 俱乐部 历史 上 这位 传奇 射手
实体推荐理由
  参照标准:利物浦 俱乐部 历史 上 的 传奇 射手
  BiS2S+Att+SCopy+Cov+EGC:俱乐部 雕塑家

图 5-8 BiS2S+Att+SCopy+Cov+EGC 模型生成的低质量实体推荐理由示例

注：在上述实体推荐理由结果中，标下划线的词表示与源句子意义不相关的词。

5.7 本章小结

本章提出了一种基于机器翻译模型的实体推荐理由生成方法，并分别调研了两种不同的方法：基于统计机器翻译模型的实体推荐理由生成方法以及基于神经机器翻译模型的实体推荐理由生成方法。为了使生成的实体推荐理由质量更高

且与实体更相关，在基于神经机器翻译的实体推荐理由生成模型中，除了引入已被证明行之有效的注意力机制、复制机制以及覆盖机制外，我们还将实体名作为辅助信息引入其中，以指引模型生成与给定实体相关的推荐理由。为了验证各模型的效果，我们进行了全面的实验调研以及详尽的模型分析，并与多个稳健的基线方法进行了比较。我们采用了BLEU、ROUGE以及人工评价这3种方法对实验结果进行了评价。实验结果表明，使用了注意力机制、复制机制以及覆盖机制的基于神经机器翻译模型的实体推荐理由生成方法显著优于基于统计机器翻译模型的实体推荐理由生成方法。消融实验的结果表明，复制机制与覆盖机制对实体推荐理由生成模型的效果均有显著提升。此外，将实体名作为辅助信息引入实体推荐理由生成模型中能进一步显著提升模型的效果。

在未来的工作中，我们希望在以下两个方面对本章提出的方法进行改进。一方面，基于神经机器翻译模型的实体推荐理由生成方法在实体与源句子的表示上能进一步进行优化，例如引入更丰富的实体语义信息与句子信息。另一方面，在真实的搜索引擎场景下，当用户输入一个查询时，如果推荐实体下方所展现的实体推荐理由不仅与该实体相关，还与用户输入的当前查询相关，则能进一步提升推荐理由的可信度以及用户的搜索体验。而本章所提出的实体推荐理由生成方法未考虑这一情况。

结论

实体推荐旨在为用户提供与其查询存在直接或间接关系的实体列表，能够帮助用户发现更多相关信息，拓展知识面，因而越来越受到用户的欢迎。因此，实体推荐不仅成为现代搜索引擎必不可少的功能之一，也正成为学术界重视的研究问题。搜索引擎中的实体推荐研究主要包含实体推荐算法与实体推荐的可解释性两个方面。其中前者旨在获取与查询相关的实体集合并对其进行排序，而后者则旨在为实体推荐结果生成推荐理由，以提升推荐结果的可信度。

本书研究了实体推荐算法的改进以及推荐理由的生成两个方面的关键技术并取得了一些初步成果。这些研究成果已在百度搜索引擎上得到了大规模应用，有效地提升了实体推荐的效果以及实体推荐结果的可解释性。具体地，本书的创新成果与主要贡献可概括如下。

1）提出了基于排序学习与信息新颖性增强的实体推荐算法。构建适用于搜索引擎的大规模实体推荐系统主要面临以下4个挑战：查询与实体规模庞大，查询的领域无关性，用户实体点击数据极其稀疏以及很难为用户推荐具有信息新颖性的实体。为克服上述挑战，我们提出了一种基于排序学习与信息新颖性增强的实体推荐算法。首先，通过知识库、搜索日志以及网页文档3种数据源获取与查询相关的实体集合，而非对所有实体进行相关性计算，从而提升了召回效率。其次，直接基于查询抽取领域无关的特征，而非对查询进行分类后再抽取领域相关的特征，从而能够为任何类型的查询进行实体推荐。最后，通过不同粒度的特征来为用户对实体的偏好建模，并为排序学习模型引入了与信息新颖性三要素紧密相关的3组特征，从而能够针对用户偏好为其推荐兼具个性化与信息新颖性的实体。实验结果表明，我们所提出的方法能显著提升实体推荐效果以及用户参与度。

2）提出了基于深度多任务学习的上下文相关实体推荐模型。目前大部分实体推荐方法普遍忽略了搜索会话中的上下文信息，只基于用户输入的当前查询进行实体推荐，从而可能导致推荐结果无法与用户的信息需求相匹配，这也导致相同查询在不同上下文情形下用户行为数据存在稀疏问题。针对上述问题，我们提出了一种基于深度多任务学习的上下文相关实体推荐模型。一方面能够借助于大规模多任务交叉数据来缓解数据稀疏问题，另一方面能够利用上下文相关文档排序这一辅助任务，通过共享表示来实现知识迁移。实验结果表明，在实体推荐中引入上下文信息能够显著提升推荐效果，并且采用多任务学习能够进一步提升推荐效果。

3）提出了基于卷积神经网络的实体对推荐理由识别模型。当推荐实体与查询实体之间存在确定的实体关系时，在实体推荐结果中展现实体对推荐理由能够提升推荐结果的可信度。前人提出的实体对推荐理由识别方法依赖于人工标注的数据集以及人工设计的特征。该方法存在以下两个问题：①人工标注成本高昂且样本规模小；②在抽取特征的过程中不可避免地会出现错误，从而影响排序效果。针对上述问题，我们提出了一种基于卷积神经网络的实体对推荐理由识别方法。一方面能够借助于搜索引擎点击日志自动构建大规模训练数据，另一方面能够通过卷积神经网络自动进行特征学习。实验结果表明，我们所提出的方法能够识别出更高质量的实体对推荐理由。

4）提出了基于机器翻译模型的实体推荐理由生成方法。当推荐实体与查询之间并不存在可归类的关系时，无法通过实体对及其关系生成推荐理由。为解决这一问题，可以在实体推荐结果中展现实体推荐理由，来辅助用户理清当前实体与查询之间存在的关联，从而提升推荐结果的可信度。由于该任务具有特定性，因此前人对实体推荐理由生成研究鲜有涉猎。针对实体推荐理由生成任务，我们提出了两种基于机器翻译模型的生成方法。特别地，我们提出了一种由实体信息指导的基于序列到序列学习的实体推荐理由生成模型。实验结果表明，我们所提出的模型能够生成更高质量的实体推荐理由。

总之，本书一方面致力于实体推荐算法的改进，另一方面尝试提升实体推荐结果的可解释性。本研究在上述两个方面取得了一些初步成果。然而，实体推荐作为人工智能与自然语言处理领域的一个新兴研究方向，目前的研究还远远不够。针对搜索引擎实体推荐任务的特点与存在的挑战并结合自身的研究经验，我们认为以下几个问题值得在未来做进一步研究。

1）为复杂查询推荐相关实体。从目前的研究现状来看，已有方法普遍都只处理实体指称类的简单查询，而未对复杂查询的实体推荐问题进行研究。由于实体指称类查询在搜索引擎整体查询中的占比有限，为了提升实体推荐结果的覆盖率，处理复杂查询的实体推荐问题则显得极为重要，因此值得对该问题进行深入研究。

2）将用户的长期及短期偏好进行联合建模。已有方法在为用户对实体的偏好建模时，要么只考虑了用户的长期搜索历史来为用户对实体的长期偏好建模，要么只考虑了用户在单个搜索会话中的短期搜索历史来为用户对实体的短期偏好建模。因此，如何将二者进行联合建模，从而为用户提供更相关的推荐结果，也是一个非常值得探索的研究方向。

3）基于神经网络的多模态实体推荐模型。已有方法在进行实体推荐时普遍未考虑实体描述文本以及实体图片等实体属性，而这些实体属性中分别蕴含着丰富的语义信息以及视觉信息，对于实体推荐效果的提升也具有重要作用。在未来的研究中，我们希望采用神经网络构建基于多模态信息的实体推荐模型，从而将多种不同模态的数据在一个统一的空间中进行表示，共同提升实体推荐效果。

4）提升推荐理由的准确率与相关性。目前的实体对推荐理由生成方法未考虑对实体间不断变化的关系进行描述，也未处理存在非直接关系的实体对的推荐理由生成问题。此外，已有方法在生成实体推荐理由时也未考虑查询，可能存在实体推荐理由与查询不相关的情况。因此，我们希望在未来的研究中对上述问题进行探索与解决。

参考文献

[1] CHILTON L B, TEEVAN J. Addressing People's Information Needs Directly in a Web SearchResultPage[C]//Proceedings of the 20th International ConferenceonWorld Wide Web. ACM, 2011: 27-36.

[2] BERNSTEIN M S, TEEVAN J, DUMAIS S, et al. Direct Answers for Search Queries in the Long Tail[C]//Proceedings of the SIGCHI Conference on Human Factors in Computing Systems. ACM, 2012: 237-246.

[3] CAO H, JIANG D, PEI J, et al. Context-Aware Query Suggestion by Mining Click-Through and Session Data[C]//Proceedings of the 14th ACM SIGKDD International Conference on Knowledge Discovery and Data Mining. ACM, 2008: 875-883.

[4] MEI Q, ZHOU D, CHURCH K. Query Suggestion Using Hitting Time[C]//Proceedings of the 17th ACM Conference on Information and Knowledge Management. ACM, 2008: 469-478.

[5] YU X, MA H, HSU B-JP, et al. On Building Entity Recommender Systems Using User ClickLog and Freebase Knowledge[C]//Proceedings of the 7th ACM International Conference on Web Search and Data Mining. ACM, 2014: 263-272.

[6] HUANG J, DING S, WANG H, et al. Learning to Recommend

Related Entities with Serendipity for Web Search Users[J]. ACM Transactions on Asian and Low-Resource Language Information Processing, 2018, 17(3): 25: 1-25: 22.

[7] CAI F, DE RIJKE M. A Survey of Query Auto Completion in Information Retrieval[J]. Foundations and Trends® in Information Retrieval, 2016, 10(4): 273-363.

[8] BAEZA-YATES R, HURTADO C, Mendoza M. Query Recommendation Using Query Logs in Search Engines[C]//Proceedings of the 2004 International Conference on Current Trends in Database Technology. ACM, 2004: 588-596.

[9] GUO J, XU G, CHENG X, et al. Named Entity Recognition in Query[C]//Proceedings of the 32nd International ACM SIGIR Conference on Research and Development in Information Retrieval. ACM, 2009: 267-274.

[10] POUND J, MIKA P, ZARAGOZA H. Ad-hoc Object Retrieval in the Web of Data[C]//Proceedings of the 19th International Conference on World Wide Web. ACM, 2010: 771-780.

[11] BOLLACKER K, EVANS C, PARITOSH P, et al. Freebase: A Collaboratively Created Graph Database for Structuring Human Knowledge[C]//Proceedings of the 2008 ACM SIGMOD International Conference on Management of Data. ACM, 2008: 1247-1250.

[12] AUER S, BIZER C, KOBILAROV G, et al. DBpedia: A Nucleus for a Web of Open Data[C]//Proceedings of the 6th International The Semantic Web and 2nd Asian Conference on Asian Semantic Web Conference. ACM, 2007: 722-735.

[13] GOMEZ-URIBE C A, HUNT N. The Netflix Recommender System: Algorithms, Busi-ness Value, and Innovation[J]. ACM Transactions on Management Information Systems, 2016, 6(4): 13: 1-13: 19.

[14] SMITH B, LINDEN G. TWO Decades of Recommender Systems at

Amazon. com [J]. IEEE Internet Computing, 2017, 21 (3): 12-18.

[15] RICCI F, ROKACH L, SHAPIRA B, et al. Recommender Systems Handbook[M]. Boston, MA, USA: Springer, 2011.

[16] AMATRIAIN X, BASILICO J. Past, Present, and Future of Recommender Systems: An Industry Perspective[C]//Proceedings of the 10th ACM Conference on Recommender Systems. ACM, 2016: 211-214.

[17] JUGOVAC M, JANNACH D. Interacting with Recommenders-Overview and Research Directions[J]. ACM Transactions on Interactive Intelligent Systems, 2017, 7(3): 10: 1-10: 46.

[18] BLANCO R, CAMBAZOGLU B B, MIKA P, et al. Entity Recommendations in Web Search[C]//Proceedings of the 12th International Semantic Web Conference. Springer, 2013: 33-48.

[19] BI B, MA H, HSU B-J P, et al. Learning to Recommend Related Entities to Search Users[C]//Proceedings of the Eighth ACM International Conference on Web Search and Data Mining. ACM, 2015: 139-148.

[20] FERNANDEZ-TOBIAS I, BLANCO R. Memory-based Recommendations of Entities for Web Search Users[C]//Proceedings of the 25th ACM International Conference on Information and Knowledge Management. ACM, 2016: 35-44.

[21] VOSKARIDES N, MEIJ E, DE RIJKE M. Generating Descriptions of Entity Relation-ships [C]//Proceedings of the 39th European Conference on Information Retrieval. Springer, 2017: 317-330.

[22] VOSKARIDES N, MEIJ E, TSAGKIAS M, et al. Learning to Explain Entity Relationships in Knowledge Graphs[C]//Proceedings of the 53rd Annual Meeting of the Association for Computational Linguistics and the 7th International Joint Conference on Natural Language Processing. ACL, 2015: 564-574.

[23] HUANG J, ZHANG W, SUN Y, et al. Improving Entity Recom-

mendation with Search Log and Multi-Task Learning[C]//Proceedings of the Twenty-Sixth International Joint Conference on Artificial Intelligence. ACM, 2018: 4107-4114.

[24] HUANG J, ZHANG W, ZHAO S, et al. Learning to Explain Entity Relationships by Pairwise Ranking with Convolutional Neural Networks[C]//Proceedings of the Twenty-Sixth International Joint Conference on Artificial Intelligence. IJCAL, 2017: 4018-4025.

[25] HUANG J, SUN Y, ZHANG W, et al. Entity Highlight Generation as Statistical and Neural Machine Translation[J]. IEEE/ACM Transactions on Audio, Speech, and Language Processing, 2018, 26(10): 1860-1872.

[26] BLANCO R, OTTAVIANO G, MEIJ E. Fast and Space-Efficient Entity Linking for Queries[C]//Proceedings of the Eighth ACM International Conference on Web Search and Data Mining. ACM, 2015: 179-188.

[27] ZHENG Z, LI F, HUANG M, et al. Learning to Link Entities with Knowledge Base[C]//Proceedings of the 2010 Annual Conference of the North American Chapter of the Association for Computational Linguistics. ACL, 2010: 483-491.

[28] FANG W, ZHANG J, WANG D, et al. Entity Disambiguation by Knowledge and Text Jointly Embedding[C]//Proceedings of The 20th SIGNLL Conference on Compu-tational Natural Language Learning. ACL, 2016: 260-269.

[29] REINANDA R, MEIJ E, PANTONY J, et al. Related Entity Finding on Highly-heterogeneous Knowledge Graphs[C]//Proceedings of the 2018 IEEE/ACM International Conference on Advances in Social Networks Analysis and Mining. IEEE Press, 2018: 330-334.

[30] NGUYEN T, TRAN T, NEJDL W. A Trio Neural Model for Dynamic Entity Relatedness Ranking[C]//Proceedings of the 22nd Conference on Computational Natural Language Learning. ACL,

2018: 31-41.

[31] YANG Z, NYBERG E. Leveraging Procedural Knowledge for Task-Oriented Search[C]//Proceedings of the 38th International ACM SIGIR Conference on Research and Development in Information Retrieval. ACM, 2015: 513-522.

[32] PONZETTO S P, STRUBE M. Knowledge Derived from Wikipedia for Computing Semantic Relatedness[J]. Journal of Artificial Intelligence Research, 2007, 30(1): 181-212.

[33] LIU J, BIRNBAUM L. Measuring Semantic Similarity Between Named Entities by Searching the Web Directory[C]//Proceedings of the IEEE/WIC/ACM International Conference on Web Intelligence. IEEE, 2007: 461-465.

[34] TUAROB S, MITRA P, GILES C L. Taxonomy-based Query-dependent Schemes for Profile Similarity Measurement [C]//Proceedings of the 1st Joint International Workshop on Entity-Oriented and Semantic Search. ACM, 2012: 8: 1-8: 6.

[35] OLLIVIER Y, SENELLART P. Finding Related Pages Using Green Measures: An Illustration with Wikipedia[C]//Proceedings of the Twenty-Second AAAI Conference on Artificial Intelligence. ACM, 2007: 1427-1433.

[36] YEH E, RAMAGE D, MANNING C D, et al. WikiWalk: Random Walks on Wikipedia for Semantic Relatedness[C]//Proceedings of the 2009 Workshop on Graph-based Methods for Natural Language Processing. ACL, 2009: 41-49.

[37] SUN Y, HAN J, YAN X, et al. PathSim: Meta Path-Based Top-K Similarity Search in Heterogeneous Information Networks [J]. Proceedings of the VLDB Endowment, 2011, 4 (11): 992-1003.

[38] YU X, SUN Y, NORICK B, et al. User Guided Entity Similarity Search Using Metapath Selection in Heterogeneous Information Networks[C]//Proceedings of the 21st ACM International Conference

on Information and Knowledge Management. ACM, 2012: 2025-2029.

[39] STRUBE M, PONZETTO S P. WikiRelate! Computing Semantic Relatedness Using Wikipedia[C]//Proceedings ofThe Twenty-First National Conference on Artificial Intelligence and the Eighteenth Innovative Applications of Artificial Intelligence Conference. AAAI Press, 2006: 1419-1424.

[40] MILNE D, WITTEN IH. An Effective, Low-CostMeasure of Semantic Relatedness Obtained from Wikipedia Links[C]//Proceedings of AAAI Workshop on Wikipedia and Artificial Intelligence: an Evolving Synergy. AAAI Press, 2008: 25-30.

[41] HOFFART J, SEUFERT S, NGUYEN D B, et al. KORE: Keyphrase Overlap Relatedness for Entity Disambiguation[C]//Proceedings of the 21st ACM International Conference on Information and Knowledge Management. ACM, 2012: 545-554.

[42] GABRILOVICH E, MARKOVITCH S. Computing Semantic Relatedness using Wikipediabased Explicit Semantic Analysis[C]//Proceedings of the Twentieth International Joint Conference on Artificial Intelligence. Morgan Kaufmann Publishers Incorporated, 2007: 1606-1611.

[43] AGGARWAL N, BUITELAAR P. Wikipedia-Based Distributional Semantics for Entity Relatedness[C]//Proceedings of the 2014 AAAI Fall Symposium Series. AAAI, 2014: 2-9.

[44] IACOBACCI I, PILEHVAR M T, NAVIGLI R. SensEmbed: Learning Sense Embeddings for Word and Relational Similarity[C]//Proceedings of the 53rd Annual Meeting of the Association for Computational Linguistics and the 7th International Joint Conference on Natural Language Processing. ACL, 2015: 95-105.

[45] NI Y, XU Q K, CAO F, et al. Semantic Documents RelatednessUsing Concept Graph Representation[C]//Proceedings of the Ninth ACM International Conference on Web Search and Data

Mining. ACM, 2016: 635-644.

[46] KANG C, YIN D, ZHANG R, et al. Learning to Rank Related Entities inWeb Search [J]. Neurocomputing, 2015, 166 (C): 309-318.

[47] SARWAR B, KARYPIS G, KONSTAN J, et al. Item-based Collaborative Filtering Recommendation Algorithms[C]//Proceedings of the 10th International Conference on World Wide Web. ACM, 2001: 285-295.

[48] LINDEN G, SMITH B, YORK J. Amazon. com Recommendations: Item-to-Item Collab-orative Filtering [J]. IEEE Internet Computing, 2003, 7(1): 76-80.

[49] JÄRVELIN K, KEKÄLÄINEN J. Cumulated Gain-based Evaluation of IR Techniques[J]. ACM Transactions on Information Systems, 2002, 20(4): 422-446.

[50] DAVIDSON J, LIEBALD B, LIU J, et al. The YouTube Video Recommendation System[C]//Proceedings of the 2010 ACM Conference on Recommender Systems. ACM, 2010: 293-296.

[51] GRAEPEL T, CANDELA J Q, BORCHERT T, et al. Web-Scale Bayesian Click-Through Rate Predictionfor Sponsored Search Advertisingin Microsoft's Bing Search Engine[C]//Proceedings of the 27th International Conference on Machine Learning. ACM, 2010: 13-20.

[52] PONNUSWAMI A K, PATTABIRAMAN K, WU Q, et al. On Composition of a Federated Web Search Result Page: Using Online Users to Provide Pairwise Preference for Heterogeneous Verticals[C]//Proceedings of the Forth International Conference on Web Search and Web Data Mining. ACM, 2011: 715-724.

[53] KOHAVI R, DENG A, FRASCA B, et al. Trustworthy Online Controlled Experiments: Five Puzzling Outcomes Explained[C]// Proceedings of the 18th ACM SIGKDD International Conference on Knowledge Discovery and Data Mining. ACM, 2012: 786-794.

[54] HERLOCKER J L, KONSTAN J A, RIEDL J. Explaining Collaborative Filtering Recommendations [C]//Proceedings of the 2000 ACM Conference on Computer Supported Cooperative Work. ACM, 2000: 241-250.

[55] BILGIC M, MOONEY R J. Explaining Recommendations: Satisfaction vs. Promotion[C]//Proceedings of the Beyond Personalization 2005: A Workshop at the International Conference on Intelligent User Interfaces. 2005: 1-8.

[56] TINTAREV N, MASTHOFF J. A Survey of Explanations in Recommender Systems [C]//Proceedings of the 23rd International Conference on Data Engineering Workshops. IEEE, 2007: 801-810.

[57] CRAMER H, EVERS V, RAMLAL S, et al. The Effects of Transparency on Trust in and Acceptance of a Content-Based Art Recommender[J]. User Modeling and User-Adapted Interaction, 2008, 18(5): 455-496.

[58] TINTAREV N, MASTHOFF J. Designing and Evaluating Explanations for Recommender Systems [G]//Recommender Systems Handbook. Boston, MA, USA: Springer, 2011: 479-510.

[59] GEDIKLI F, JANNACH D, GE M. How Should I Explain? A Comparison of Different Explanation Types for Recommender Systems [J]. International Journal of Human Computer Studies, 2014, 72(4): 367-382.

[60] TINTAREV N, MASTHOFF J. Explaining Recommendations: Design and Evaluation[G] //Recommender Systems Handbook. Boston, MA, USA: Springer, 2015: 353-382.

[61] TINTAREV N, MASTHOFF J. Evaluating the Effectiveness of Explanations for Recommender Systems[J]. User Modeling and User-Adapted Interaction, 2012, 22(4-5): 399-439.

[62] FANG L, SARMA A D, YU C, et al. REX: Explaining Relationships between Entity Pairs[J]. Proceedings of the VLDB En-

dowment, 2011, 5(3): 241-252.

[63] HUANG J, ZHAO S, DING S, et al. Generating Recommendation Evidence Using Translation Model [C]//Proceedings of the Twenty-Fifth International Joint Conference on Artificial Intelligence. IJCAL, 2016: 2810-2816.

[64] PASSANT A. Dbrec Music Recommendations Using DBpedia[C]// Proceedings of the 9th International Semantic Web Conference. Springer, 2010: 209-224.

[65] CATHERINE R, MAZAITIS K, ESKENAZI M, et al. Explainable Entity-based Recommendations with Knowledge Graphs[C]// Proceedings of the Poster Track of the 11th ACM Conference on Recommender Systems. ACM, 2017: 1-2.

[66] ZHANG Y, LAI G, ZHANG M, et al. Explicit Factor Models for Explainable Recommendation Based on Phrase-level Sentiment Analysis [C]//Proceedings of the 37th International ACM SIGIR Conference on Research and Development in Information Retrieval. ACM, 2014: 83-92.

[67] CHEN L, WANG F. Explaining Recommendations Based on Feature Sentiments in Product Reviews[C]//Proceedings of the 22nd International Conference on Intelligent User Interfaces. IUI, 2017: 17-28.

[68] ALTHOFF T, DONG X L, MURPHY K, et al. TimeMachine: Timeline Generation for Knowledge-Base Entities [C]//Proceedings of the 21th ACM SIGKDD International Conference on Knowledge Discovery and Data Mining. ACM, 2015: 19-28.

[69] LAMPLE G, BALLESTEROS M, SUBRAMANIAN S, et al. Neural Architectures for Named Entity Recognition[C]//Proceedings of the 2016 Conference of the North Amer-ican Chapter of the Association for Computational Linguistics: Human Language Technologies. ACL, 2016: 260-270.

[70] MA X, HOVY E. End-to-end Sequence Labeling via Bi-directional

LSTM-CNNs-CRF[C]//Proceedings of the 54th Annual Meeting of the Association for Compu-tational Linguistics. ACL, 2016.

[71] RUSH AM, CHOPRA S, WESTON J. A Neural Attention Model for Abstractive Sentence Summarization [C]//Proceedings of the 2015 Conference on Empirical Methods in Natural Language Processing. OALib, 2015: 379-389.

[72] CHOPRA S, AULI M, RUSH A M. Abstractive Sentence Summarization with Attentive Recurrent Neural Networks [C]//Proceedings of the 2016 Conference of the North American Chapter of the Association for Computational Linguistics: Human Language Technologies. ACL, 2016: 93-98.

[73] SEE A, LIU P J, MANNING C D. Get To The Point: Summarization with Pointer Generator Networks [C]//Proceedings of the 55th Annual Meeting of the Association for Computational Linguistics. ACL, 2017: 1073-1083.

[74] PAPINENI K, ROUKOS S, WARD T, et al. BLEU: A Method for Automatic Evaluation of Machine Translation[C]//Proceedings of the 40th Annual Meeting on Association for Computational Linguistics. ACL, 2002: 311-318.

[75] LIN C-Y. ROUGE: A Package for Automatic Evaluation of Summaries[C]//Proceedings of the Workshop on Text Summarization Branches Out, Post-Conference Workshop of ACL 2004. ACL, 2004: 74-81.

[76] CALLISON-BURCH C, FORDYCE C, KOEHN P, et al. (Meta-) Evaluation of Machine Trans-lation [C]//Proceedings of the Second Workshop on Statistical Machine Translation. ACM, 2007: 136-158.

[77] LI Y, HSU B-J P, ZHAI C. Unsupervised Identification of Synonymous Query Intent Templates for Attribute Intents [C]//Proceedings of the 22nd ACM International Conference on Information and Knowledge Management. ACM, 2013: 2029-2038.

[78] WU B, XIONG C, SUN M, et al. Query Suggestion with Feedback Memory Net-work[C]//Proceedings of the 2018 World Wide Web Conference on World Wide Web. ACM, 2018: 1563-1571.

[79] AMAT F, CHANDRASHEKAR A, JEBARA T, et al. Artwork Personalization at Netfix[C]//Proceedings of the 12th ACM Conference on Recommender Systems. ACM, 2018: 487-488.

[80] SHARDANAND U, MAES P. Social Information Filtering: Algorithms for Automating"Word of Mouth"[C]//Proceedings of the SIGCHI Conference on Human Factors in Computing Systems. ACM, 1995: 210-217.

[81] IAQUINTA L, DE GEMMIS M, LOPS P, et al. Introducing Serendipity in a Content-Based Recommender System[C]//Proceedings of the 8th International Conference on Hybrid Intelligent Systems. ACM, 2008: 168-173.

[82] SHETH B, MAES P. Evolving Agents for Personalized Information Filtering[C]//Proceedings of the Ninth Conference on Artificial Intelligence for Applications. IEEEXplore1993: 345-352.

[83] ZHANG Y, CALLAN J, MINKA T. Novelty and Redundancy Detection in Adaptive Filtering[C]//Proceedings of the 25th Annual International ACM SIGIR Conference on Research and Development in Information Retrieval. ACM, 2002: 81-88.

[84] ANDRE P, SCHRAEFEL M, TEEVAN J, et al. Discovery is Never by Chance: Designing for(Un)Serendipity[C]//Proceedings of the 7th Conference on Creativity & Cognition. ACM, 2009: 305-314.

[85] GE M, DELGADO-BATTENFELD C, JANNACH D. Beyond Accuracy: Evaluating Recommender Systems by Coverage and Serendipity[C]//Proceedings of the 2010 ACM Conference on Recommender Systems. ACM, 2010: 257-260.

[86] ZHANG Y C, SEAGHDHA D O, QUERCIA D, et al. Auralist: Introducing Serendipity into Music Recommendation[C]//Pro-

ceedings of the Fifth International Conference on Web Search and Web Data Mining. ACM, 2012: 13-22.

[87] BORDINO I, MEJOVA Y, LALMAS M. Penguins in Sweaters, or Serendipitous Entity Searchon User-generated Content [C]// Proceedings of the 22nd ACM International Conference on Information and Knowledge Management. ACM, 2013: 109-118.

[88] ADAMOPOULOS P, TUZHILIN A. On Unexpectedness in Recommender Systems: Or How to Better Expect the Unexpected [J]. ACM Transactions on Intelligent Systems and Technology, 2014, 5(4): 54: 1-54: 32.

[89] SONG L, TEKIN C, SCHAAR M V D. Clustering Based Online Learning in Recommender Systems: A Bandit Approach [C]// Proceedings of the 2014 IEEE International Conference on Acoustics, Speech and Signal Processing (ICASSP). IEEEXplore 2014: 4528-4532.

[90] HERLOCKER J L, KONSTAN J A, TERVEEN L G, et al. Evaluating Collaborative Filtering Recommender Systems [J]. ACM Transactions on Information Systems, 2004, 22(1): 5-53.

[91] GAO J, PANTEL P, GAMON M, et al. Modeling Interestingness with Deep Neural Net-works[C]//Proceedings of the 2014 Conference on Empirical Methods in Natural Language Processing. 2014: 2-13.

[92] GAMON M, MUKHERJEE A, PANTEL P. Predicting Interesting Things in Text[C]//Proceedings of the 25th International Conference on Computational Linguistics: Technical Papers. ACM, 2014: 1477-1488.

[93] OZERTEM U, CHAPELLE O, DONMEZ P, et al. Learning to Suggest: A Machine Learning Framework for Ranking Query Suggestions[C]//Proceedings of the 35th International ACM SIGIR Conference on Research and Development in Information Retrieval. ACM, 2012: 25-34.

[94] HE Y, TANG J, OUYANG H, et al. Learning to Rewrite Queries [C]//Proceedings of the 25th ACM International Conference on Information and Knowledge Management. ACM, 2016: 1443-1452.
[95] HAN X, SUN L, ZHAO J. Collective Entity Linking in Web Text: A Graph-based Method[C]//Proceedings of the 34th International ACM SIGIR Conference on Research and Development in Information Retrieval. ACM, 2011: 765-774.
[96] BRON M, BALOG K, DE RIJKE M. Related Entity Finding Based on Co-Occurance[C]//Proceedings of the Eighteenth Text REtrieval Conference. 2009: 1-4.
[97] GAO J, HE X, NIE J-Y. Clickthrough-Based Translation Models for Web Search: from Word Models to Phrase Models[C]//Proceedings of the 19th ACM Conference on Information and Knowledge Management. ACM, 2010: 1139-1148.
[98] MA H, YANG H, KING I, et al. Learning Latent Semantic Relations from Clickthrough Data for Query Suggestion[C]//Proceedings of the 17th ACM Conference on Information and Knowledge Management. ACM, 2008: 709-718.
[99] CLAYPOOL M, LE P, WASED M, et al. Implicit Interest Indicators[C]//Proceedings of the 6th International Conference on Intelligent User Interfaces. ACM, 2001: 33-40.
[100] MUELLER F, LOCKERD A. Cheese: Tracking Mouse Movement Activity on Websites, a Tool for User Modeling[C]//Proceedings of the CHI'01 Extended Abstracts on Human Factors in Computing Systems. ACM, 2001: 279-280.
[101] DOU Z, SONG R, YUAN X, et al. Are Click-Through Data Adequate for Learning Web Search Rankings? [C]//Proceedings of the 17th ACM Conference on Information and Knowledge Management. ACM, 2008: 73-82.
[102] BLEI D M, NG A Y, JORDAN M I. Latent Dirichlet Allocation [J]. Journal ofMachine Learning Research, 2003, 3 (4-

5): 993-1022.

[103] WANG X, LI W, CUI Y, et al. Click-Through Rate Estimation for Rare Events in On-line Advertising[J]. Online Multimedia Advertising: Techniques and Technologies, 2011: 1-12.

[104] DOU Z, SONG R, WEN J-R. A Large-scale Evaluation and Analysis of Personalized Search Strategies[C]//Proceedings of the 16th International Conference on World Wide Web. ACM, 2007: 581-590.

[105] FRIEDMAN J H. Greedy Function Approximation: A Gradient Boosting Machine [J]. Annals of Statistics, 2000, 29: 1189-1232.

[106] FRIEDMAN J H. Stochastic Gradient Boosting[J]. Computational Statistics & Data Analysis, 2002, 38(4): 367-378.

[107] SHEN X, TAN B, ZHAI C. Contextsensitive Information Retrieval Using Implicit Feedback[C]//Proceedings of the 28th Annual International ACM SIGIR Conference on Research and Development in Information Retrieval. ACM, 2005: 43-50.

[108] BAR-YOSSEF Z, KRAUS N. Context-sensitive Query Auto-completion[C]//Proceedings of the 20th International Conference on World Wide Web. ACM, 2011: 107-116.

[109] XIANG B, JIANG D, PEI J, et al. Context-aware Ranking in Web Search[C]//Proceedings of the 33rd International ACM SIGIR Conference on Research and Development in Information Retrieval. ACM, 2010: 451-458.

[110] MITRA B. Exploring Session Context Using Distributed Representations of Queries and Reformulations[C]//Proceedings of the 38th International ACM SIGIR Con-ference on Research and Development in Information Retrieval. ACM, 2015: 3-12.

[111] SORDONI A, BENGIO Y, VAHABI H, et al. A Hierarchical Recurrent Encoder Decoder for Generative Context Aware Query Suggestion[C]//Proceedings of the 24th ACM International on Confer-

ence on Information and Knowledge Management. ACM, 2015: 553-562.

[112] DEHGHANI M, ROTHE S, ALFONSECA E, et al. Learning to Attend, Copy, and Gener-ate for Session-Based Query Suggestion[C]//Proceedings of the 2017 ACM on Conference on Information and Knowledge Management. ACM, 2017: 1747-1756.

[113] LI X, GUO C, CHU W, et al. Deep Learning Powered In-Session Contextual Ranking using Clickthrough Data[C]//Proceedings of the Workshop on Personalization: Methods and Applications at Neural Information Processing Systems. 2014.

[114] CARUANA R. Multitask Learning[J]. Machine Learning, 1997, 28(1): 41-75.

[115] COLLOBERT R, WESTON J, BOTTOU L, et al. Natural Language Processing (Almost) from Scratch[J]. Journal of Machine Learning Research, 2011, 12: 2493-2537.

[116] BORDES A, GLOROT X, WESTON J, et al. Joint Learning of Words and Meaning Representations for Open-Text Semantic Parsing[C]//Proceedings of the Fifteenth International Conference on Artificial Intelligence and Statistics. 2012: 127-135.

[117] DONG D, WU H, HE W, et al. Multi-Task Learning for Multiple Language Translation[C]//Proceedings of the 53rd Annual Meeting of the Association for Computational Linguistics and the 7th International Joint Conference on Natural Language Processing. ACL, 2015: 1723-1732.

[118] LIU X, GAO J, HE X, et al. Representation Learning Using Multi-Task Deep Neural Networks for Semantic Classifcation and Information Retrieval[C]//Proceedings of the 2015 Conference of the North American Chapter of the Association for Computational Linguistics: Human Language Technologies. ACL, 2015: 912-921.

[119] AHMAD W, CHANG K-W, WANG H. Multi-Task Learning for

Document Ranking and Query Suggestion[C]//Proceedings of International Conference on Learning Representations. OALib, 2018: 1-14.

[120] RADLINSKI F, DUMAIS S. Improving Personalized Web Search Using Result Diversification[C]//Proceedings of the 29th Annual International ACM SIGIR Conference on Research and Development in Information Retrieval. ACM, 2006: 691-692.

[121] ZHU Y, LAN Y, GUO J, et al. Learning for Search Result Diversification[C]//Proceedings of the 37th International ACM SIGIR Conference on Research and Development in Information Retrieval. ACM, 2014: 293-302.

[122] HU S, DOU Z, WANG X, et al. Search Result Diversification Based on Hierarchical Intents[C]//Proceedings of the 24th ACM International on Conference on Information and Knowledge Management. ACM, 2015: 63-72.

[123] HOCHREITER S, SCHMIDHUBER J. Long Short-Term Memory[J]. Neural Computation, 1997, 9(8): 1735-1780.

[124] WANG Z, ZHANG J, FENG J, et al. Knowledge Graph Embedding by Translating on Hy-perplanes[C]//Proceedings of the Twenty-Eighth AAAI Conference on Artificial Intelligence. ACM, 2014: 1112-1119.

[125] ZHANG D, YUAN B, WANG D, et al. Joint Semantic Relevance Learning with Text Data and Graph Knowledge[C]//Proceedings of the 3rd Workshop on Continuous Vector Space Models and their Compositionality. 2015: 32-40.

[126] ZHONG H, ZHANG J, WANG Z, et al. Aligning Knowledge and Text Embeddings by Entity Descriptions[C]//Proceedings of the 2015 Conference on Empirical Methods in Natural Language Processing. ACM, 2015: 267-272.

[127] XIE R, LIU Z, JIA J, et al. Representation Learning of Knowledge Graphs with Entity Descriptions[C]//Proceedings of the

Thirtieth AAAI Conference on Artificial Intelligence. Elsevier, 2016: 2659-2665.

[128] BURGES C, SHAKED T, RENSHAW E, et al. Learning to Rank Using Gradient Descent[C]//Proceedings of the 22nd International Conference on Machine Learning. ACM, 2005: 89-96.

[129] YANG Z, YANG D, DYER C, et al. Hierarchical Attention Networks for Document Classification[C]//Proceedings of the 2016 Conference of the North American Chapter of the Association for Computational Linguistics: Human Language Technologies. ACL, 2016: 1480-1489.

[130] WHITE R W, BILENKO M, CUCERZAN S. Studying the Use of Popular Destinations to Enhance Web Search Interaction[C]//Proceedings of the 30th AnnualInternational ACM SIGIR Conference on Research and Development in Information Retrieval. ACM, 2007: 159-166.

[131] JANSEN B J, SPINK A, BLAKELY C, et al. Defining a Session on Web Search Engines[J]. Journal of the American Society for Information Science and Technology, 2007, 58(6): 862-871.

[132] BORDES A, USUNIER N, GARCIA-DURAN A, et al. Translating Embeddings for Modeling Multi-relational Data[C]//Proceedings of the Neural Information Processing Systems Conference. ACM, 2013: 2787-2795.

[133] LIN Y, LIU Z, SUN M, et al. Learning Entityand Relation Embeddings for Knowledge Graph Completion[C]//Proceedings of the Twenty-Ninth AAAI Conference on Artificial Intelligence. Elsevier, 2015: 2181-2187.

[134] JI G, LIU K, HE S, et al. Knowledge Graph Completion with Adaptive Sparse Transfer Matrix[C]//Proceedings of the Thirtieth AAAI Conference on Artificial Intelligence. Elsevier, 2016: 985-991.

[135] ZENG D, LIU K, CHEN Y, et al. Distant Supervision for Relation Extraction via Piecewise Convolutional Neural Networks [C]//Proceedings of the 2015 Conference on Empirical Methods in Natural Language Processing. 2015: 17-21.

[136] SOCHER R, HUVAL B, MANNING C, et al. Semantic Compositionality through Recursive Matrix-Vector Spaces [C]//Proceedings of the 2012 Joint Conference on Empirical Methods in Natural Language Processing and Computational Natural Language Learning. ACM, 2012: 1201-1211.

[137] KIM Y. Convolutional Neural Networks for Sentence Classification[C]//Proceedings of the 2014 Conference on Empirical Methods in Natural Language Processing. OALib, 2014: 1746-1751.

[138] SANTOS C N D, XIANG B, ZHOU B. Classifying Relations by Ranking with Convolutional Neural Networks [C]//Proceedings of the 53rd Annual Meeting of the Association for Computational Linguistics and the 7th International Joint Conference on Natural Language Processing. ACL, 2015: 626-634.

[139] MINTZ M, BILLS S, SNOW R, et al. Distant Supervision for Relation Extraction WithoutLabeled Data[C]//Proceedings of the Joint Conference of the 47th Annual Meetingof the ACL and the 4th International Joint Conferenceon Natural Language Processing of the AFNLP. ACL, 2009: 1003-1011.

[140] BLANCO R, ZARAGOZA H. Finding Support Sentences for Entities[C]//Proceedings of the 33rd International ACM SIGIR Conference on Research and Development in Information Retrieval. ACM, 2010: 339-346.

[141] ZHAO S, WANG H, LIU T. Paraphrasing with Search Engine Query Logs[C]//Proceedings of the 23rd International Conference on Computational Linguistics. ACM, 2010: 1317-1325.

[142] JOACHIMS T. Optimizing Search Engines Using Clickthrough Data[C]//Proceedings of the Eighth ACM SIGKDD International

Conference on Knowledge Discovery and Data Mining. ACM, 2002: 133-142.

[143] AGICHTEIN E, BRILL E, DUMAIS S, et al. Learning User Interaction Models for Predicting Web Search Result Preferences [C]//Proceedings of the 29th Annual International ACM SIGIR Conference on Research and Development in Information Retrieval. ACM, 2006: 3-10.

[144] HERBRICH R, GRAEPEL T, OBERMAYER K. Large Margin Rank Boundaries for Ordinal Regression[C]//Proceedings of the Neural Information Processing Systems Conference. ACM, 1999: 115-132.

[145] SRIVASTAVA N, HINTON G E, KRIZHEVSKY A, et al. Dropout: A Simple Way to Prevent Neural Networks from Overftting[J]. Journal of Machine Learning Research, 2014, 15(1): 1929-1958.

[146] HUANG P-S, HE X, GAO J, et al. Learning Deep Structured Semantic Models forWeb Search using Clickthrough Data[C]//Proceedings of the 22nd ACM International Conference on Information and Knowledge Management. ACM, 2013: 2333-2338.

[147] MIKOLOV T, SUTSKEVER I, CHEN K, et al. Distributed Representations of Words and Phrases and their Compositionality [C]//Proceedings of the Neural Information Processing Systems Conference. ACM, 2013: 3111-3119.

[148] CARLETTA J. Assessing Agreement on Classification Tasks: The Kappa Statistic [J]. Computational Linguistics, 1996: 249-254.

[149] LANDIS J R, KOCH G G. The Measurement of Observer Agreement for Categorical Data[J]. Biometrics, 1977, 33(1): 159.

[150] SEVERYN A, MOSCHITTI A. Learning to Rank Short Text Pairs with Convolutional Deep Neural Networks [C]//Proceedings of the 38th International ACM SIGIR Conference on Re-

search and Development in Information Retrieval. ACM, 2015: 373-382.

[151] ZHENG Z, CHEN K, SUN G, et al. A Regression Framework for Learning Ranking Functions Using Relative Relevance Judgments[C]//Proceedings of the 30th Annual International ACM SIGIR Conference on Research and Development in Information Retrieval. ACM, 2007: 287-294.

[152] CHAPELLE O, METLZER D, ZHANG Y, et al. Expected Reciprocal Rank for Graded Relevance[C]//Proceedings of the 18th ACM Conference on Information and Knowledge Management. ACM, 2009: 621-630.

[153] JOACHIMS T, GRANKA L, PAN B, et al. Evaluating the Accuracy of Implicit Feedback from Clicks and Query Reformulations in Web Search[J]. ACM Transactions on Information Systems, 2007, 25(2): 7.

[154] JOACHIMS T, GRANKA L A, PAN B, et al. Accurately Interpreting Clickthrough Data as Implicit Feedback[C]//Proceedings of the 28th Annual International ACM SIGIR Conference on Research and Development in Information Retrieval. ACM, 2005: 154-161.

[155] LIU T-Y. Learning to Rank for Information Retrieval[J]. Foundations and Trends® in Information Retrieval, 2009, 3(3): 225-331.

[156] SUTSKEVER I, VINYALS O, LE Q V. Sequence to Sequence Learning with Neural Net-works[C]//Proceedings of the Neural Information Processing Systems Conference. ACM, 2014: 3104-3112.

[157] BAHDANAU D, CHO K, BENGIO Y. Neural Machine Translation by Jointly Learning to Align and Translate[C]//Proceedings of International Conference on Learning Representations. OALib, 2015.

[158] TU Z, LU Z, LIU Y, et al. Modeling Coverage for Neural Machine Translation[C]//Proceedings of the 54th Annual Meeting of the Association for Computational Linguistics. ACL, 2016: 76-85.

[159] MI H, SANKARAN B, WANG Z, et al. Coverage Embedding Models for Neural Machine Translation[C]//Proceedings of the 2016 Conference on Empirical Methods in Natural Language Processing. 2016: 955-960.

[160] KLEIN G, KIM Y, DENG Y, et al. OpenNMT: Open-Source-Toolkit for Neural Machine Translation[C]//Proceedings of the 55th Annual Meeting of the Association for Computational Linguistics. ACL, 2017: 67-72.

[161] ZHANG J, WANG M, LIU Q, et al. Incorporating Word Reordering Knowledge into Attention-based Neural Machine Translation[C]//Proceedings of the 55th Annual Meeting of the Association for Computational Linguistics. ACL, 2017: 1524-1534.

[162] NEMA P, KHAPRA M M, LAHA A, et al. Diversity Driven Attention Model for Query-based Abstractive Summarization [C]//Proceedings of the 55th Annual Meeting of the Association for Computational Linguistics. ACL, 2017: 1063-1072.

[163] ZHOU Q, YANG N, WEI F, et al. Selective Encoding for Abstractive Sentence Summarization[C]//Proceedings of the 55th Annual Meeting of the Association for Computational Linguistics. ACL, 2017: 1095-1104.

[164] LUONG M-T, PHAM H, MANNING C D. Effective Approaches to Attention-based NeuralMachine Translation[C]//Proceedings of the 2015 Conferenceon Empirical Methods in Natural Language Processing. OALib 2015: 1412-1421.

[165] VINYALS O, KAISER L, KOO T, et al. Grammarasa Foreign Language[C]//Proceedings of the Neural Information Processing Systems Conference. ACM, 2015: 2773-2781.

[166] LUONG M-T, SUTSKEVER I, LE QV, et al. Addressing the Rare Word Problem in Neural Machine Translation [C]//Proceedings of the 53rd Annual Meeting of the Association for Computational Linguistics and the 7th International Joint Conference on Natural Language Processing. ACL, 2015: 11-19.

[167] VINYALS O, FORTUNATO M, JAITLY N. Pointer Networks [C]//Proceedings of the Neural Information Processing Systems Conference. ACM, 2015: 2692-2700.

[168] GULCEHRE C, AHN S, NALLAPATI R, et al. Pointing the Unknown Words [C]//Proceedings of the 54th Annual Meeting of the Association for Computational Linguistics. ACL, 2016: 140-149.

[169] GU J, LU Z, LI H, et al. Incorporating Copying Mechanism in Sequence-to-Sequence Learning [C]//Proceedings of the 54th Annual Meeting of the Association for Computational Linguistics. ACL, 2016: 1631-1640.

[170] CAO Z, LUO C, LI W, et al. Joint Copying and Restricted Generation for Para-phrase [C]//Proceedings of the Thirty-First AAAI Conference on Artificial Intelli-gence. Elsevier, 2017: 1319-1323.

[171] MIHALCEA R. Language Independent Extractive Summarization [C]//Proceedings of the ACL 2005 on Interactive Poster and Demonstration Sessions. ACL, 2005: 49-52.

[172] PARVEEN D, RAMSL H-M, STRUBE M. Topical Coherence for Graph-based Extractive Summarization [C]//Proceedings of the 2015 Conference on Empirical Methods in Natural Language Processing. OALib. 2015: 1949-1954.

[173] WOODSEND K, LAPATA M. Automatic Generation of Story Highlights [C]//Proceedings of the 48th Annual Meeting of the Association for Computational Linguistics. ACL, 2010: 565-574.

[174] KOBAYASHI H, NOGUCHI M, YATSUKA T. Summarization

Based on Embedding Distributions[C]//Proceedings of the 2015 Conference on Empirical Methods in Natural Language Processing. 2015: 1984-1989.

[175] CHENG J, LAPATA M. Neural Summarization by Extracting Sentences and Words[C]//Proceedings of the 54th Annual Meeting of the Association for Computational Linguistics. ACL, 2016: 484-494.

[176] RADEV D R, HOVY E, MCKEOWN K. Introduction to the Special Issue on Summa-rization[J]. Computational Linguistics, 2002, 28(4): 399-408.

[177] KHAN A, SALIM N. A Review on Abstractive Summarization Methods[J]. Journal of Theoretical and Applied Information Technology, 2014, 59(1): 64-72.

[178] TURNER J, CHARNIAK E. Supervised and Unsupervised Learning for Sentence Compression[C]//Proceedings of the 43rd Annual Meeting of the Association for Computational Linguistics. ACL, 2005: 290-297.

[179] GALLEY M, MCKEOWN K. Lexicalized Markov Grammars for Sentence Compression[C]//Proceedings of Human Language Technology Conference of the North American Chapter of the Association of Computational Linguistics. ACL, 2007: 180-187.

[180] NOMOTO T. Discriminative Sentence Compression with Conditional Random Fields[J]. Information Processing & Management, 2007, 43(6): 1571-1587.

[181] CHE W, ZHAO Y, GUO H, et al. Sentence Compression for Aspect-based Sentiment Analysis[J]. IEEE/ACM Transactions on Audio, Speech, and Language Processing, 2015, 23(12): 2111-2124.

[182] FILIPPOVA K, ALFONSECA E, COLMENARES C A, et al. Sentence Compression by Deletion with LSTMs[C]//Proceedings of the 2015 Conference on Empirical Methods in Natural Lan-

guage Processing. OALib, 2015: 360-368.

[183] COHN T, LAPATA M. An Abstractive Approach to Sentence Compression[J]. ACM Transactions on Intelligent Systems and Technology, 2013, 4(3): 41: 1-41: 35.

[184] PENG F, FENG F, MCCALLUM A. Chinese Segmentation and New Word Detection Using Conditional Random Fields[C]//Proceedings of the 20th International Conference on Computational Linguistics. ACM, 2004: 562-568.

[185] GIMENEZ J, MARQUEZ L. SVMTool: A General POS Tagger Generator Based on Support Vector Machines[C]//Proceedings of the 4th International Conference on Language Resources and Evaluation. ACM, 2004: 1-4.

[186] MCDONALD R, LERMAN K, PEREIRA F. Multilingual Dependency Analysis with a Two-Stage Discriminative Parser[C]//Proceedings of the Tenth Conference on Computational Natural Language Learning. ACM, 2006: 216-220.

[187] KOEHN P, OCH F J, MARCU D. Statistical Phrase-Based Translation[C]//Proceedings of Human Language Technology Conference of the North American Chapter of the Association for Computational Linguistics. ACL, 2003: 48-54.

[188] CULOTTA A, SORENSEN J. Dependency Tree Kernels for Relation Extraction[C]//Proceedings of the 42nd Annual Meeting of the Association for Computational Linguistics. ACL, 2004: 423-429.

[189] TANG D, QIN B, FENG X, et al. Effective LSTMs for Target-Dependent Sentiment Classification[C]//Proceedings of the 26th International Conference on Computational Linguistics: Technical Papers. ACL, 2016: 3298-3307.

[190] SCHUSTER M, PALIWAL K K. Bidirectional Recurrent Neural Networks[J]. IEEE Transactions on Signal Processing, 1997, 45(11): 2673-2681.

[191] JEAN S, CHO K, MEMISEVIC R, et al. On Using Very Large Target Vocabulary for Neural Machine Translation[C]//Proceedings of the 53rd Annual Meeting of the Association for Computational Linguistics and the 7th International Joint Conference on Natural Language Processing. ACL, 2015: 1-10.

[192] HSUEH P-Y, MELVILLE P, SINDHWANI V. Data Quality from Crowdsourcing: A Study of Annotation Selection Criteria [C]//Proceedings of the NAACL HLT Workshop on Active Learning for Natural Language Processing. ACL, 2009: 27-35.

[193] RAMSHAW L A, MARCUS M P. Text Chunking using Transformation-Based Learn- ing[C]//Proceedings of the Third Workshop on very large corpora. Springer, 1999: 157-176.

[194] OCH F J. Minimum Error Rate Training in Statistical Machine Translation[C]//Proceedings of the 41st Annual Meeting of the Association for Computational Linguistics. ACL, 2003: 160-167.

攻读博士学位期间发表的论文及其他成果

一、发表的学术论文

1. 会议论文

[1] **Jizhou Huang**, Shiqi Zhao, Shiqiang Ding, et al. Generating Recommendation Evidence Using Translation Model [C]//Proceedings of the 25th International Joint Conference on Artificial Intelligence (**IJCAI 2016**). AAAI Press, 2016: 2810-2816. (CCF A)

[2] **Jizhou Huang**, Wei Zhang, Shiqi Zhao, et al. Learning to Explain Entity Relationships by Pairwise Ranking with Convolutional Neural Networks [C]//Proceedings of the 26th International Joint Conference on Artificial Intelligence (**IJCAI 2017**). AAAI Press, 2017: 4018-4025. (CCF A)

[3] **Jizhou Huang**, Wei Zhang, Yaming Sun, et al. Improving Entity Recommendation with Search Log and Multi-Task Learning [C]//Proceedings of the 27th International Joint Conference on Artificial Intelligence (**IJCAI 2018**). AAAI Press, 2018: 4107-4114. (CCF A)

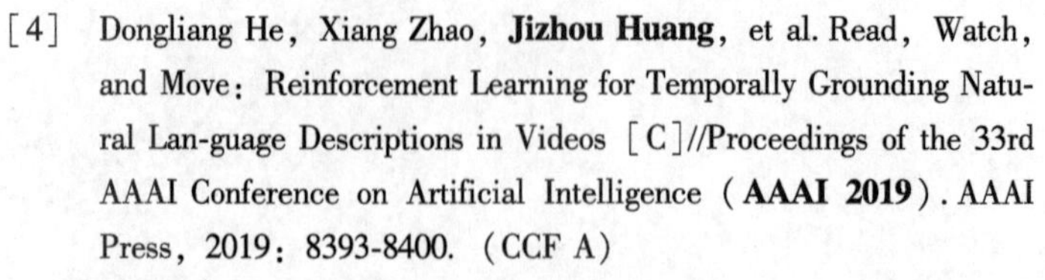

[4] Dongliang He, Xiang Zhao, **Jizhou Huang**, et al. Read, Watch, and Move: Reinforcement Learning for Temporally Grounding Natural Lan-guage Descriptions in Videos [C]//Proceedings of the 33rd AAAI Conference on Artificial Intelligence (**AAAI 2019**). AAAI Press, 2019: 8393-8400. (CCF A)

2. 期刊论文

[1] **黄际洲**，孙雅铭，王海峰，等．面向搜索引擎的实体推荐综述［J］. 计算机学报，2019，42（7）：1467-1494.（CCF A）

[2] **Jizhou Huang**, Haifeng Wang, Wei Zhang, et al. Multi-Task Learning for Entity Recommendation and Document Ranking in Web Search [J]. ACM Transactions on Intelligent Systems and Technology (**TIST**), 2020, 11 (5): 24. (SCI，影响因子：4.654)

[3] **Jizhou Huang**, Yaming Sun, Wei Zhang, et al. Entity Highlight Generation as Statistical and Neural Machine Translation [J]. IEEE/ACM Transactions on Audio, Speech and Language Processing (**TASLP**), 2018, 26 (10): 1860-1872. (CCF B，SCI，影响因子：3.919)

[4] **Jizhou Huang**, Shiqiang Ding, Haifeng Wang, et al. Learning to Recommend Related Entities with Serendipity for Web Search Users [J]. ACM Transactions on Asian and Low-Resource Language Information Processing (**TALLIP**), 2018, 17 (3): 22 (CCF C，SCI，影响因子：1.413)

二、与本研究有关的已授权发明专利

[1] **黄际洲**，万璐，景鲲，等．搜索方法和搜索装置：ZL 201410456838.1［P］. 2018-06-05.

[2] **黄际洲**，万璐，牛正雨，等．搜索推荐方法及装置：ZL 201410545809.2［P］. 2017-11-17.

[3] 万璐，**黄际洲**．搜索推荐方法及装置：ZL201410721411.X

[P]. 2019-05-03.

[4] **黄际洲**，万璐．搜索推荐方法及装置：ZL201410743539.6 [P]. 2018-09-07.

[5] **黄际洲**，王海峰，李莹，等．搜索推荐方法和装置：ZL201510079816.2 [P]. 2019-05-03.

[6] **黄际洲**，张昭．搜索结果的推荐方法和装置：ZL201510186283.8 [P]. 2018-03-06.

[7] **黄际洲**，张昭，景鲲．信息推荐方法和信息推荐装置：ZL201910865554.0 [P]. 2019-05-31.

[8] **黄际洲**，万璐．搜索结果的推荐方法和装置：ZL201510197805.4 [P]. 2019-05-31.

[9] **黄际洲**，张昭．搜索结果的推荐方法和装置：ZL201510222359.8 [P]. 2018-09-07.

[10] **黄际洲**，李莹，季永志，等．移动搜索的推荐方法和装置：ZL201510284351.4 [P]. 2018-12-21.

[11] 万璐，李莹，季永志，**黄际洲**．基于信任关系的推荐方法和装置：ZL201510315847.3 [P]. 2019-05-03.

[12] **黄际洲**，周里成．一种实体推荐方法及装置：ZL201510828555.X [P]. 2019-02-05.

[13] **黄际洲**，周里成．一种搜索推荐方法及装置：ZL201510828621.3 [P]. 2019-07-23.

[14] **黄际洲**，赵世奇，王海峰．建立语句编辑模型的方法、语句自动编辑方法及对应装置：ZL201610285425.0 [P]. 2018-08-10.

[15] **黄际洲**，张伟，赵世奇，等．建立排序模型的方法、基于该模型的应用方法和装置：ZL201710385409.3 [P]. 2020-07-10.

[16] **黄际洲**，张伟，孙雅铭，等．一种确定搜索结果的方法、装置、设备和计算机存储介质：ZL201810587495.0 [P]. 2020-05-29.

[17] **黄际洲**，孙雅铭，张伟，等．训练描述文本生成模型的方

法、生成描述文本的方法及装置：ZL201810622437.7 [P]. 2019-11-26.

[18] **Ji zhou Huang**, Hai feng Wang, Ying Li, et al. Interactive searching and recommending method and apparatus: US10051030B2 [P]. 2018-08-14.

[19] **Ji zhou Huang**, Shi qi Zhao, Hai feng Wang. Method and apparatus for establishing sentence editing model, sentence editing method and apparatus: US10191892B2 [P]. 2019-01-29.

[20] **黄际洲**，王海峰，赵明华，等. 検索推奨方法及び装置：JP 6291041B2 [P]. 2018-03-14.

[21] **黄际洲**，夏德国，赵明华，等. 検索推奨方法及び装置：JP 6381002B2 [P]. 2018-08-29.

[22] **黄际洲**，万璐，李莹，等. 検索推薦方法およびデバイス：JP5980892B2 [P]. 2016-08-31.

[23] 王海峰，**黄际洲**，李莹，等. 検索方法及び検索エンジン：JP6129149B2 [P]. 2017-05-17.

[24] **黄际洲**，景鲲，李阳阳，等. 情報推奨方法及び装置：JP 6581357B2 [P]. 2019-09-25.

[25] **黄际洲**，王海峰，李莹，等. 検索推薦方法及び装置：JP 6400178B2 [P]. 2018-10-03.

[26] **黄际洲**，丁世强，王海峰. エンティティ推薦方法及び装置：JP6643554B2 [P]. 2020-02-12.

[27] **黄际洲**，王海峰，赵明华，等. 검색 추천 방법 및 장치：KR101708048B1 [P]. 2017-02-17.

[28] **黄际洲**，夏德国，赵明华，等. 검색 추천 방법 및 장치：KR101710465B1 [P]. 2017-02-27.

[29] **黄际洲**，王海峰，赵明华，等. 검색 추천 방법 및 장치：KR101711322B1 [P]. 2017-02-28.

[30] **黄际洲**，夏德国，赵明华. 발명의명칭검색추천방법및장치：KR101738293B1 [P]. 2017-05-19.

[31] 王海峰，**黄际洲**，李莹，等．발명의 명칭 검색 방법 및 검색엔진：KR101657371B1 [P]. 2016-09-13.

[32] **黄际洲**，王海峰，李莹，等．검색 추천 방법 및 장치：KR 101937430B1 [P]. 2019-01-10.

三、参与的科研项目及获奖情况

[1] 2014 年 1 月—2018 年 12 月．国家重点基础研究发展计划（973 计划）科研项目《面向三元空间的互联网中文信息处理理论与方法》（编号：2014CB340505）．

[2] 王海峰，李莹，吴甜，**黄际洲**等．知识图谱技术及应用．中国电子学会科技进步一等奖，2017.

致谢

盛夏之际，我也将结束博士求学生活。这段时光里，我得到了师长的悉心指导、朋友的大力帮助以及家人的无私支持。这里我要向他们表达最诚挚的谢意！

首先，我要感谢我的导师王海峰教授。很幸运能有机会成为王老师的博士生。如果没有这次读博的经历，我的人生绝不可能如现在这样充实而厚重。读博之初，我曾豪情万丈地允诺3年内必定发表至少5篇论文。虽困苦挫败中有过动摇，但一路能够坚持下来并发表了8篇论文，只因导师在听到该目标后一句朴实的回应“希望说到做到”。桃李不言，下自成蹊。当我在公司会议上听到很多人都说要向王老师学习，对所定目标必须说到做到之时，荣幸与压力顿时相伴而生。荣幸是早已闻道，压力是还得继续加倍努力。读博之时，在课题选择、论文发表以及博士论文撰写过程中，王老师严谨认真的治学态度以及独到高远的学术眼界给了我极大的影响，而我的研究能力也得以向前迈进了一小步。更让我深深感到佩服的是王老师一以贯之的高度自律、坚定的意志力以及务实自驱、负责到底的品质。当偶然得知王老师三十多年来每日 6 点早起且 8 点前开始学习或投入工作之后，我也曾努力尝试，但只坚持了两年多，便被迫放弃。放弃是因为，只有尝试过，才明白这不仅需要充沛的体力，更需要极其强大的毅力。而王老师对研究方向的专注一如对作息时间的坚持，他从 1993 年开始专注于研究机器翻译与自然语言处理，20 多年来始终未变。言行，君子之枢机。导师的一言一行都深深地影响并激励着我，而我也将坚定追随并从烈火中煅来。增长黑客中有一个专业术语：北极星指标，表示闪耀于星空之上，能够像北极星一样指引我们迈向一个明确方向的理想及硬核指标。如果将读博过程视为增长过程，那我在读博过程中最大的收获，莫过于找到了自己人生的北极星——王老师。

同时，我要感谢我的副导师刘挺教授。进入赛尔实验室读博的想法，其实早在 2005 年就已萌发。当时，因为在微软亚洲研究院（MSRA）自然语言计算组实习，有幸结识了同为实习生的车万翔、赵世奇等好友。他们的优秀与综合能力之强，让我深感触动。见贤思齐，我也渴望着能够有机会进入这个人才辈出的实验室读博。而从他们对刘老师点滴轶事的介绍中，一个知识渊博、细心耐心、热情负责的中国好导师形象跃然鲜明。成为刘老师的学生后，在刘老师指导下进行研究的过程中，这些从他人描述中获得的感受也全部变成了自己日益强烈的切身体会。例如，在读博早期，有一次跟刘老师请教如何更好地进行实验分析时，刘老师听完立即建议我基于消融研究（ablation study）进行实验与分析，事后证明的确非常行之有效。在研究上，刘老师对于每一个细节都会极其关注，也会一针见血指出问题。感谢刘老师在研究上的指导和帮助，让我有了更高的求索目标与更开阔的研究视野。

此外，还要感谢哈工大的赵铁军教授，杨沐昀教授以及秦兵教授，感谢你们对我的关怀、支持和鼓励，尤其是在研究上的点拨和帮助，让我少走了不少弯路。另外，还要感谢微软亚洲研究院的周明博士，感谢您在实习时引领我进入NLP的大门！这里还要感谢重庆大学的杨丹教授与文俊浩教授，感谢你们对我硕士求学阶段的指导与帮助！没有这三位老师在硕士阶段对我的严格要求、悉心指导以及全面培养，我就没有继续读博时所必须具备的勇气、信心、毅力以及学术基础。

我还要衷心感谢课题研究过程中协助我完成实验的丁世强、张伟、孙雅铭等。没有你们在实验上的鼎力支持与全情投入，我的论文不可能如期完成。

最后，我要将此书献给我挚爱的家人。感谢我的父母，我的每一步成长都离不开你们的辛勤养育和教导！感谢我的岳父母，没有你们给予的关爱、鼓励以及全力支持，就没有我的这些工作成绩。还要向我挚爱的妻子和儿子致以心底最深沉的感谢！感谢我的妻子，是你的默默付出、坚韧支持以及暖心陪伴，让我顺利完成博士学业。感谢我的儿子，你的出生带给了我无穷的动力与快乐，也磨砺了我的勇气与担当。家是最温暖的港湾，我的爱也将驻留于此，永远陪伴着你们！